南方电网能源发展研究院

澜湄国家能源电力发展报告

（2023年）

南方电网能源发展研究院有限责任公司　编著

中国水利水电出版社
www.waterpub.com.cn
·北京·

图书在版编目（CIP）数据

澜湄国家能源电力发展报告. 2023年 / 南方电网能源发展研究院有限责任公司编著. -- 北京 : 中国水利水电出版社, 2024.1
ISBN 978-7-5226-2072-5

Ⅰ. ①澜… Ⅱ. ①南… Ⅲ. ①电力工业－工业发展－研究报告－中国、东南亚－2023 Ⅳ. ①F430.66

中国国家版本馆CIP数据核字(2024)第011444号

书　　名	**澜湄国家能源电力发展报告（2023年）** LANMEI GUOJIA NENGYUAN DIANLI FAZHAN BAOGAO（2023 NIAN）
作　　者	南方电网能源发展研究院有限责任公司　编著
出版发行	中国水利水电出版社 （北京市海淀区玉渊潭南路1号D座　100038） 网址：www.waterpub.com.cn E-mail：sales@mwr.gov.cn 电话：（010）68545888（营销中心）
经　　售	北京科水图书销售有限公司 电话：（010）68545874、63202643 全国各地新华书店和相关出版物销售网点
排　　版	中国水利水电出版社微机排版中心
印　　刷	北京天工印刷有限公司
规　　格	184mm×260mm　16开本　7.5印张　111千字
版　　次	2024年1月第1版　2024年1月第1次印刷
印　　数	0001—1500册
定　　价	**78.00**元

南网能源院年度报告系列

编　委　会

《澜湄国家能源电力发展报告（2023年）》

编　写　组

组　　长　黄　豫

副 组 长　覃　芸

主 笔 人　宫大千

编写人员　郭子暄　樊宇航　秦菁华　辜炜德　段雨廷

李柏林

在积极稳妥推进碳达峰、碳中和的背景下，我国能源电力行业在加快规划建设新型能源体系、逐步构建新能源占比逐渐提高的新型电力系统的方向上奋力前行。南方电网能源发展研究院以习近平新时代社会主义思想为指导，在南方电网公司党组的正确领导下，立足具有行业影响力的世界一流能源智库，服务国家能源战略、服务能源电力行业、服务经济社会发展的行业智囊定位，围绕能源清洁低碳转型、新型电力系统建设以及企业创新发展等焦点议题，深入开展战略性、基础性、应用性研究，形成一批高质量研究成果，以年度报告形式集结成册，希望为党和政府科学决策、行业变革发展、相关研究人员提供智慧和力量。

《澜湄国家能源电力发展报告（2023 年）》是南方电网能源发展研究院有限责任公司年度系列专题研究报告之一。报告系统分析了过往十年澜湄五国经济、能源、电力发展进展及成效，总结了我国“一带一路”倡议提出十周年来在澜湄区域能源领域的实践，展现了我国在澜湄合作机制下的大国担当和务实合作，立足澜湄区域发展新形势和新机遇，展望了澜湄五国能源电力发展前景，为区域能源电力合作提出建议。编著本报告，旨在为关心澜湄国家电力发展的专家、学者和社会人士提供参考。

《澜湄国家能源电力发展报告（2023 年）》指出，2022 年，老挝、缅甸、泰国、柬埔寨、越南五国整体为能源净进口地区，生产和终端消费总量整体稳中有增，化石能源消费占较大比重，约为 60.5%。澜湄五国非水可再生能源装机和发电占比均持续上升，装机占比 22.6%、发电占比 12%；电力需求在疫情影响下仍保持韧性增长，2022 年总用电量同比增长 5.7%。截至 2023 年 6 月，澜湄国家之间已形成 55 回 115kV 及以上的电力联网线路，2022 年区域电力贸易总量为 432.6 亿 kW·h。“一带一路”提出十年以来，澜湄国家之间已经形成了国家层面、行业层面、企业层面多层次宽领域的能源合作机制和沟通对话平台，推动能源电力基建工程合作，打造了越南永新一期燃煤电厂、中缅油气管道、老挝南欧江梯级水电站等示范项目，区域合作成效显著，极大程度推动区域经济发展和民生建设。报告预计，到 2030 年，经济复苏将带动五国用电需求快速稳定增长，电力供需形势趋紧，各国之间呈现互补特性，有必要进一步深化区域绿色能源合作、加强互联互通，提升清洁电力资源配置水平。

本报告由宫大千主笔，由郭子暄、樊宇航、秦菁华、辜炜德、段雨廷、李柏林参与编写，全书由宫大千统稿、覃芸校核。

本报告在编写过程中，得到了中国南方电网有限责任公司（以下简称“南方电网”）国际业务部、战略规划部，南方电网云南国际有限责任公司等部门和单位的悉心指导，在此表示最诚挚的谢意！

限于作者水平，报告难免存在疏漏与不足，恳请读者批评指正。

编　者

2024 年 1 月

缩 略 词 表

英文缩写	中 文 全 称
ADB	亚洲开发银行
BAU	常规政策场景
BOO	建设-拥有-运营
BOOT	建设-拥有-经营-转让
BOT	建设-经营-转让
BP	英国石油
BT	建设-移交
BTO	建设-移交-运营
EDC	柬埔寨电力公司
EDL	老挝国家电力公司
EDL - T	老挝国家输电网公司
EGAT	泰国国家电力局
EPC	工程总承包
ERC	泰国能源监管委员会
EVN	越南电力集团
GDP	国内生产总值
GMS	大湄公河次区域
IEA	国际能源署
IPP	独立发电商
LMERC	南方电网澜湄国家能源电力合作研究中心
LNG	液化天然气
LTMS - PIP	老挝-泰国-马来西亚-新加坡电力一体化项目
MEA	泰国首都电力局

续表

英文缩写	中 文 全 称
MOEE	缅甸电力与能源部
MOEP	缅甸电力部
MOIT	越南工业与贸易部
O&M	运营维护
PEA	泰国地方电力局
RCEP	区域全面经济伙伴关系协定
RPTCC	大湄公河次区域电力贸易协调委员会
SPP	小型发电商
VWEM	越南电力批发市场
WWF	世界自然基金会

目　录

CONTENTS

第 1 章

经济发展

1.1　总体发展

澜湄五国包括老挝、缅甸、泰国、柬埔寨和越南，总人口2.48亿人，约占亚洲总人口的5.4%，占东盟国家总人口的36.6%。与其他东盟国家一样，澜湄五国均属于外向型经济国家，凭借丰富的自然资源和劳动力成本优势，依托本土产业和承接转移产业，拥有较好的经济增长基础。澜湄五国经济发展不平衡，产业结构差异较大，泰国和越南国内生产总值（GDP）大幅领先老挝、柬埔寨和缅甸，部分国家经济发展内生动力不足、外部脆弱显现。2020年以来，在全球新冠疫情和百年变局交织叠加的复杂背景下，澜湄区域各国齐心抗疫情，合力谋发展。中国与澜湄五国经济合作及其可持续发展不断深化，社会人文交流日益密切，为促进各国经济复苏和区域繁荣奠定坚实基础。2022年，俄乌冲突加剧了全球紧张局势，直接影响到澜湄五国的粮食安全、能源安全、金融安全，地缘政治风险加剧，部分国家通货膨胀高企严重阻碍经济发展。

澜湄国家均是发展中国家，受新冠疫情影响，澜湄国家之间的经贸合作波动较为剧烈，得益于中国采取了有效的疫情防控措施并积极推动复工复产，澜湄五国与中国的经贸合作得到了有力保障。2020年以来澜湄国家认真落实澜湄合作第三次领导人会议、第五次外长会和第六次外长会共识，稳步实施《澜沧江-湄公河合作五年行动计划（2018—2022）》，各国聚焦“政治安全、经济和可持续发展、社会人文”三大支柱，围绕“互联互通、产能合作、跨境经济、水资源、农业和减贫”五大优先领域展开深度合作，取得了突出进展和丰硕成果，亮点显著，有力增强了各国人民福祉，促进了流域六国经济社会发展。新冠疫情的危难时刻，澜湄六国患难与共，为澜湄国家命运共同体建设增添了新内涵和新路径。从此，区域内合作密不可分，澜湄合作精神牢固地植根于六国人民心间。

《区域全面经济伙伴关系协定》（RCEP）已于2022年1月1日正式生

效，随着RCEP落地生效，澜湄国家市场更加开放，能源电力及相关产业合作的经贸环境也更为便利，拓展了投资和贸易空间。在RCEP规则下，澜湄国家经贸合作将跨上一个新的台阶，进一步加快经济要素自由流动、促进贸易投资扩容升级，有利于维护地区产业链供应链安全稳定，为全球经济复苏作出积极贡献。2022年，中国同澜湄五国贸易额达4167亿美元，同比增长5%。基础设施的建设使得互联互通更加便利，特别是中老铁路的开通，极大地促进了区域社会经济的发展。

2021年6月8日，在重庆举行的澜湄合作第六次外长会中，中方提出将制定《澜沧江-湄公河合作五年行动计划（2023—2027）》作为下一阶段的工作重点之一，促进六国深化多领域合作，聚焦可持续发展，继续朝着建设澜湄国家命运共同体方向努力。“一带一路”倡议也将继续为区域内所有国家提供更多机会，澜湄合作已经步入新的“金色5年”。

2022年7月4日，在缅甸蒲甘举行的澜湄合作第七次外长会中，外长们强调，将继续坚持共同、综合、合作、可持续安全观，鼓励澜湄合作同中方提出的“一带一路”倡议、全球发展倡议、全球安全倡议互补互促，原则同意将《澜沧江-湄公河合作五年行动计划（2023—2027）》提交第四次领导人会议通过，并敦促六国有关部门加快制定产能、互联互通、跨境经济合作及其他领域的行动计划或合作规划文件。

1.2 主要经济指标

1.2.1 人口发展

2013—2022年澜湄五国人口总量保持增长趋势，但逐年增长率呈下降趋势。截至2022年年底，澜湄五国人口达2.48亿人，较2013年的2.32亿人增长6.91%，老挝、缅甸、泰国、柬埔寨、越南人口分别约为800万人、5400万人、7200万人、1700万人和9800万人。2013—2022年年均增长率

0.74%，较世界上其他发展中国家增长偏缓慢。逐年增长率下降 0.02～0.03 个百分点，2022 年增长率下降趋势愈加明显，较 2021 年增长率下降 0.25 个百分点。2013—2022 年澜湄五国人口总量如图 1-1 所示。

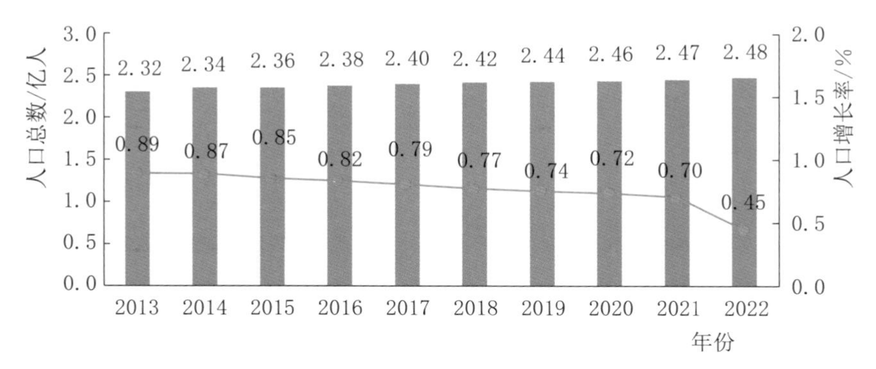

图 1-1　2013—2022 年澜湄五国人口总量

数据来源：世界银行

澜湄五国人口年均增长率有差异，泰国人口年均增长率处于世界排名低位。老挝、柬埔寨、越南国内社会环境较为稳定，2013—2022 年人口年均增长率高于五国平均水平，分别为 1.47%、1.25%和 0.94%。缅甸受国内政局动荡影响，人口年均增长率为 0.75%，与平均水平相当。泰国受政治分化、债务和教育经费攀升等因素影响，生育率持续走低，人口年均增长率维持在 0.33%，2022 年人口年均增长率在全球 193 个人口正增长的国家中排名第 176 位。2013—2022 年澜湄五国人口增长率如图 1-2 所示。

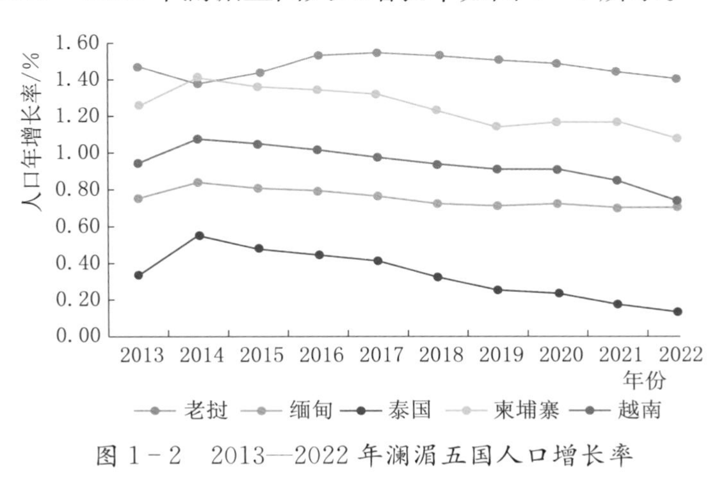

图 1-2　2013—2022 年澜湄五国人口增长率

数据来源：世界银行

澜湄五国人口占比基本稳定，越南、泰国、缅甸人口基数较大。2013 年以来，人口分布基本维持不变，占比变化不超过 1 个百分点。越南人口最多，其次为泰国和缅甸，柬埔寨和老挝人口占比小。2022 年越南、泰国、缅甸、柬埔寨、老挝人口占澜湄五国比重分别为 39.5%、28.9%、21.8%、6.8%、3.0%。2013—2022 年澜湄五国人口占比如图 1－3 所示。

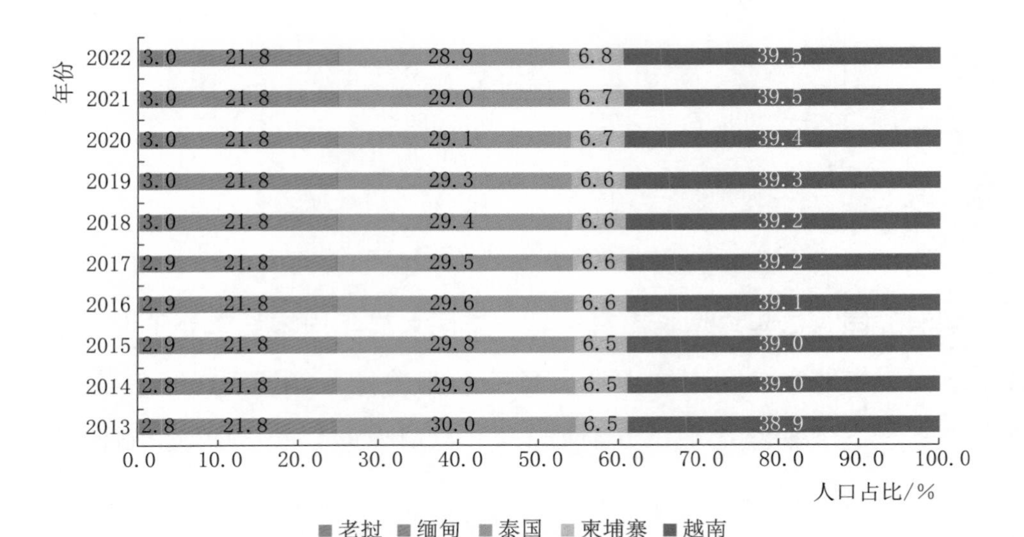

图 1－3　2013—2022 年澜湄五国人口占比

数据来源：世界银行

澜湄五国城镇化率逐年提升，但整体城镇化率仍较低。2013—2022 年，澜湄五国城镇化率提升超过 5 个百分点，2022 年为 40.4%，与世界平均水平的 56.2%仍存在较大差距。泰国、越南和老挝城镇化进程较快，2022 年分别为 52.9%、38.8%、37.6%，较 2013 年分别增加 6.7 个百分点、6.4 个百分点、5.7 个百分点，柬埔寨和缅甸城镇化进程较慢，2022 年分别为 25.1%、31.8%，较 2013 年分别增加 3.7 个百分点、2.4 个百分点。澜湄五国城镇化水平差异大，2022 年，城镇化率最高的泰国为 52.9%，最低的柬埔寨仅为 25.1%，差距达到 27.8 个百分点。2013—2022 年澜湄五国城镇化率如图 1－4 所示。

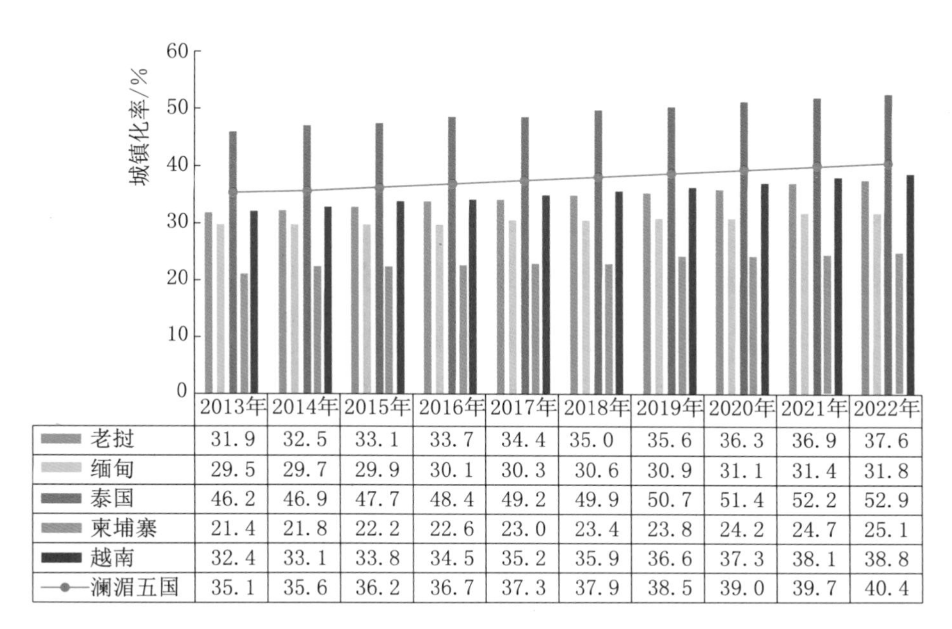

	2013年	2014年	2015年	2016年	2017年	2018年	2019年	2020年	2021年	2022年
老挝	31.9	32.5	33.1	33.7	34.4	35.0	35.6	36.3	36.9	37.6
缅甸	29.5	29.7	29.9	30.1	30.3	30.6	30.9	31.1	31.4	31.8
泰国	46.2	46.9	47.7	48.4	49.2	49.9	50.7	51.4	52.2	52.9
柬埔寨	21.4	21.8	22.2	22.6	23.0	23.4	23.8	24.2	24.7	25.1
越南	32.4	33.1	33.8	34.5	35.2	35.9	36.6	37.3	38.1	38.8
澜湄五国	35.1	35.6	36.2	36.7	37.3	37.9	38.5	39.0	39.7	40.4

图1-4 2013—2022年澜湄五国城镇化率

数据来源：世界银行

澜湄五国人口分别集聚在各自重点城市，且人口聚集效应仍在进行中。澜湄五国首都和重点城市人口密度较高，各国10%以上的人口均集聚在不到2%的城市土地面积上。老挝人口密度较高的地区包括万象、琅勃拉邦、沙湾拿吉、巴色等城市，1.71%的国土面积上集聚了全国16%的人口，相较2021年增长了2.8个百分点；缅甸人口密度较高的地区包括内比都、仰光、曼德勒等城市，1.12%的国土面积上集聚了全国14.3%的人口，相较2021年增长了0.5个百分点；泰国人口密度较高的地区包括曼谷和清迈等城市，0.87%的国土面积上集聚了全国21.6%的人口，相较2021年增长了4.6个百分点；柬埔寨人口密度较高的地区主要是首都金边，0.4%的国土面积上集聚了全国12.5%的人口，相较2021年基本无变化；越南人口密度较高的地区包括河内和胡志明市等城市，1.6%的国土面积上集聚了全国17.6%的人口，相较2021年增加了3.6个百分点。泰国、越南两国人口基数最大，且人口聚集效应最明显。澜湄五国主要城市面积和人口见表1-1。

表 1-1　　澜湄五国主要城市面积和人口

国家	主要城市	地理位置	城市面积/平方千米	面积占比/%	城市人口/万人	人口占比/%
老挝	万象	南部	3920	1.70	100.1	13.3
	琅勃拉邦	中北部	10	0.004	4.7	0.6
	沙湾拿吉	南部	6	0.003	6.7	0.9
	巴色	南部	10	0.004	8.8	1.2
缅甸	内比都	中部	7054	1.00	92.5	1.2
	仰光	中部	599	0.10	561.0	10.4
	曼德勒	南部	114	0.02	120.8	2.7
泰国	曼谷	南部	1569	0.30	1370.0	19.1
	清迈	北部	2905	0.57	179.2	2.5
柬埔寨	金边	中部	679	0.40	210	12.5
越南	河内	中部	3345	1.00	525.3	5.4
	胡志明市	南部	2090	0.60	1200.0	12.2

数据来源：人口数据来自联合国、World Population Review；城市面积数据来自维基百科、百度百科

1.2.2　国内生产总值

澜湄五国经济总量规模差异较大。泰国和越南是澜湄五国经济发展的引领国，GDP远超缅甸、柬埔寨、老挝三国。

2013—2019年澜湄五国经济总量保持快速增长，年均增长率4.8%。2020年以来，受新冠疫情和全球经济放缓影响，叠加缅甸政局动荡，区域经济呈现负增长，GDP较2019年下降1.9%，总量降至8842亿美元[1]。其中，老挝、缅甸和越南GDP小幅增长，分别增长0.5%、3.2%和2.9%；泰国的支柱产业之一旅游业受新冠疫情影响较大，GDP下降

[1] GDP为2015年可比价，本章下同。

6.1%；柬埔寨GDP下降3.1%。

2021年澜湄五国GDP与2020年水平相当，老挝、泰国、柬埔寨、越南经济发展逐步恢复，增长率为1.5%～3%；缅甸政局动荡，经济下滑17.9%。

2022年，得益于新冠疫情的有效控制、RCEP的正式生效、中老铁路的开通等有利因素，澜湄五国经济总量相较于2021年有明显回升，各国经济恢复增长态势，GDP总量约9266亿美元。2022年，越南经济增速为澜湄五国中最高，达到8.0%；其次是柬埔寨，增速为5.2%；缅甸从2021年大幅度下滑的经济趋势中小幅恢复，GDP增速为3.0%；老挝、泰国经济小幅增长，增速分别为2.7%、2.6%。2013—2022年澜湄五国GDP如图1-5所示。

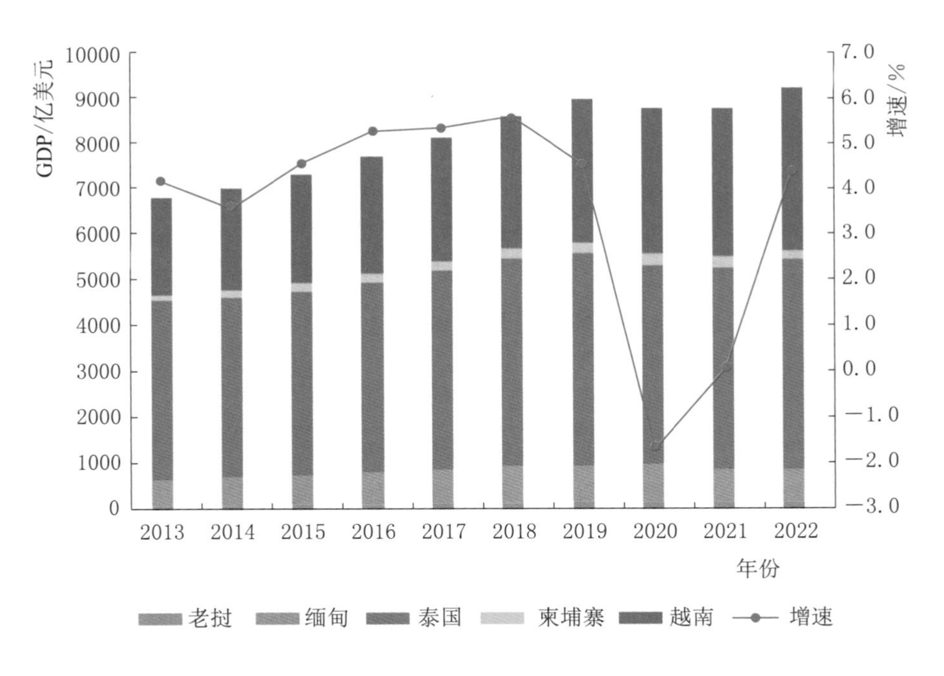

图1-5 2013—2022年澜湄五国GDP

数据来源：世界银行

2013年以来，泰国和越南GDP的一直占澜湄五国的85%及以上；泰国GDP占比呈逐年下降趋势，2022年GDP占比（48.6%）较2013年下降

8.1个百分点；缅甸GDP占比小幅下降，2022年GDP占比（7.9%）较2013年下降0.4个百分点；其余三国GDP占比均有不同程度上升。其中，越南GDP占比增加最为显著，2022年GDP占比（38.7%）较2013年提升7.8个百分点，发展基础和势头在澜湄五国中最好。2013—2022年澜湄五国GDP比重如图1-6所示。

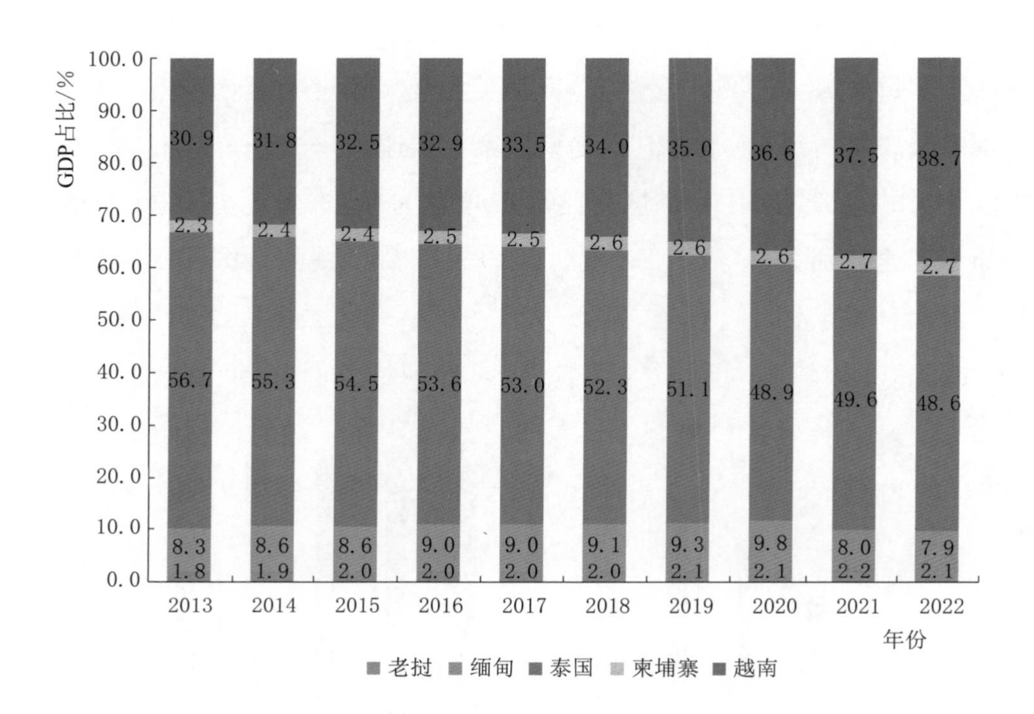

图1-6　2013—2022年澜湄五国GDP比重

数据来源：世界银行

澜湄五国人均GDP逐年增加，但整体水平仍偏低。2022年澜湄五国人均GDP为3731美元，仅为全球人均GDP的三分之一，较2013年增长27.4%。2022年，泰国人均GDP在五国中最高，为6278美元，分别是缅甸的4.7倍、柬埔寨的4.2倍；越南追赶势头明显，2013年人均GDP为泰国的42%，2022年已达到泰国的58%。根据2022年世界银行最新划分，除泰国被归为中高收入经济体外，其余四国均为中低收入经济体。2013—2022年澜湄五国人均GDP如图1-7所示。

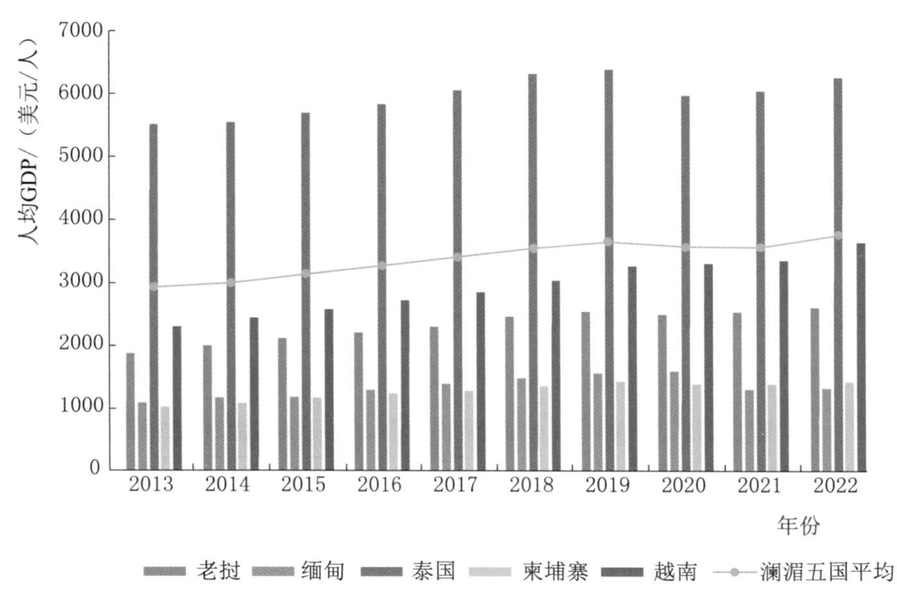

图1－7　2013—2022年澜湄五国人均GDP

数据来源：世界银行

1.2.3　产业发展

澜湄五国整体第三产业贡献占据半壁江山；第一产业（农业）发展占据重要角色，是老挝、缅甸、柬埔寨的支柱产业之一。2022年澜湄五国第三产业比重51.5%，较2013年增加6.6%，第一产业和第二产业比重较2013年分别减少1.9%、4.7%，澜湄五国中除泰国以外，第一产业比重均有不同程度下降。老挝、缅甸、柬埔寨在发展传统农业的同时加速向工业化方向发展，产业调整变化较大，2022年较2013年第一产业比重下降分别为11.6%、13.4%、3.4%，占各国GDP的比重仍分别有17.1%、21.5%、22.6%；第二产业得到快速发展，增长分别为8.0%、10.9%、6.9%。泰国在旅游业增长推动下，第三产业占GDP比重上升最快，2022年第三产业比重为澜湄五国中最高，达57.5%；第一产业略微增加，2013—2022年仅增加0.4个百分点；第二产业占GDP比重下降明显，降幅达到12.2%。越南第一产业占比有所下降，2022年相比2013年下降4.6个百分点，第二产业、第三产业占比小幅上升，上升幅度分别为1.5%和3.1%。2013年和2022年澜湄五国产业结构情况对比如图1-8所示。

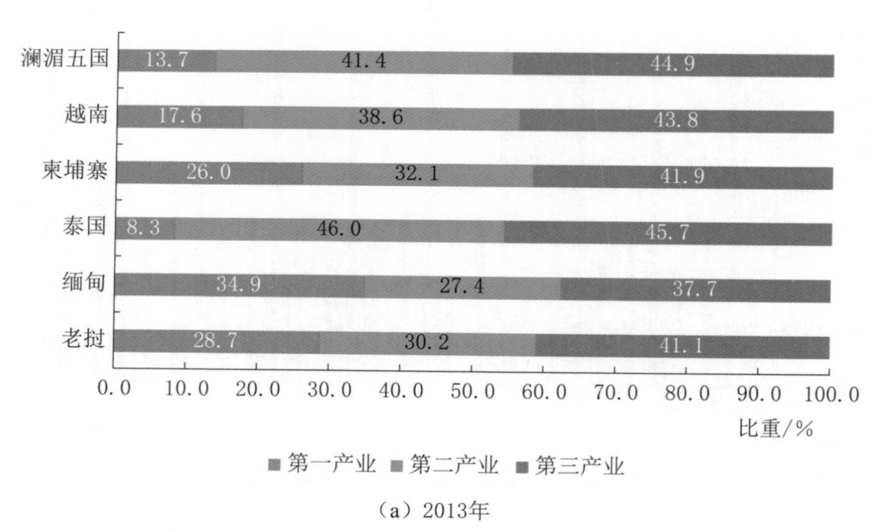

（a）2013年

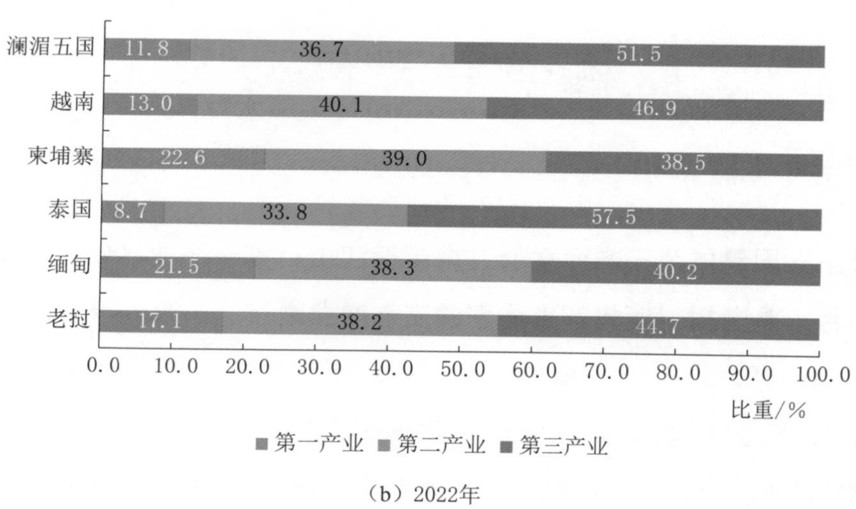

（b）2022年

图1-8　2013年和2022年澜湄五国产业结构情况对比

数据来源：东盟统计年鉴

1.2.4　外国直接投资

1.2.4.1　投资环境

主权信用方面，澜湄五国整体风险处于中等偏高水平，存在一定的违约风险。

老挝评级较低，前景展望偏负面，主要由于其未来几年有大量外债到期，但外汇储备不足、融资渠道有限，资金流动性不足，面临着较大的违约风险和财政困境。

缅甸虽未有评级，但军方接管国家政权后，局势持续紧张，政局动荡引发的罢工、银行挤兑和外资流入放缓阻碍经济复苏进程；此外，西方制裁和国际援助暂停进一步增大其偿债压力，主权信用风险水平较高。

泰国受新冠疫情惯性影响，经济复苏尚在进程中，但其财政情况及外部资产状况良好，债务负担较为温和，主权信用风险水平中等，前景展望稳定。

柬埔寨为应对新冠疫情冲击出台的大规模财政政策虽取得一定效果，但也加剧了财政收支失衡和债务风险，同时考虑叠加持续性的经济制裁，主权信用风险水平中等偏高，前景展望稳定。

越南得益于政府持续推进的财政改革措施，财政实力有所增强，此外强劲的外资吸引力、良好的外部资产状况和较为乐观的经济增长前景，使得该国偿债风险较低，主权信用风险水平中等，前景展望正面。

澜湄五国最新信用评级情况见表1-2。

表1-2　　澜湄五国最新信用评级情况

国家	评级机构	时间/(年/月/日)	评 级 情 况
老挝	穆迪	2022/6/14	信用评级为Caa3，展望为稳定
	惠誉	2022/8/4	信用评级为CCC−
缅甸	—	—	—
泰国	标准普尔	2020/11/18	信用评级为BBB+/A−2，展望为稳定
	穆迪	2020/4/21	信用评级为Baa1，展望为稳定
	惠誉	2021/12/20	信用评级为BBB+，展望为稳定
柬埔寨	穆迪	2021/8/20	信用评级为B2，展望为稳定
越南	标准普尔	2021/5/21	信用评级为BB/B，展望为正面
	穆迪	2021/3/18	信用评级为Ba3，展望为正面
	惠誉	2021/4/1	信用评级为BB，展望为正面

数据来源：相关评级机构、东盟统计年鉴

1.2.4.2 投资及相关管理法律法规

1. 老挝

老挝电力投资相关的文件主要包括《可再生能源发展战略》《投资促进法》和《电力法》。从电力投资相关法规及近年境外企业投资领域来看，老挝对境外电力投资持鼓励态度，整体限制较少，发电、输电环节均放开投资，在项目融资中鼓励私营企业进入，以助力老挝水电、非水可再生能源开发和电网基础设施建设。近期由于老挝外汇储备较低，所以在外汇管理方面提出了相应的限制措施，鼓励用老挝基普进行结算。老挝电力投资相关法规文件内见表1-3。

表1-3　老挝电力投资相关法规文件

投资法规	涉及领域	具体措施/规定	政策/优惠
2011年《可再生能源发展战略》	可再生能源投资	建立可再生能源基金并提供财政激励措施；发布生物燃料法令、完善电力市场准入框架、编制风力特许权框架等	根据能源类型和时间段提供补贴；对生产机械、设备和原材料免征进口关税；根据投资领域和规模，在一定时期内可以免征所得税
2016年《投资促进法》	电力投资划为特许经营范围，鼓励外资	可采用老挝国家独资、与国内外企业合资、国内集体或私人投资等三种形式；可采用BOT、BOOT等经营方式	对承建水电站项目的企业给予免除项目建设用地租费，减免营业税、企业所得税、关税等优惠待遇
2017年《电力法》	发电、输电线路特许权业务	BOT模式的发电项目特许期不超过20年；BOO模式的小水电项目不超过40年，地热、太阳能和风电项目不超过25年	经老挝政府批准，特许权期限可以延长，项目公司应在特许权期限结束前5年提出延长申请
2023年《外汇管理令》	工程承包	工程承包、交通运输服务、媒体服务费等商品必须以老挝基普结算	

2. 缅甸

缅甸电力投资相关的文件主要包括《电力法》《缅甸经济特区法》《缅甸投资法》和《缅甸投资法实施细则》。从电力投资相关法规及近年境外企业

投资领域来看，缅甸电力行业受政府高度监管，外企在缅甸投资开发需要经过缅甸投资委员会和缅甸电力部（MOEP）批准。外资可参与大部分电力工程投资，可通过BOT方式投资缅甸电源。缅甸电力投资相关法规文件见表1-4。

表1-4　缅甸电力投资相关法规文件

投资法规	涉及领域	具体措施/规定	政策/优惠
2014年《电力法》	允许外国人在缅甸投资任何规模的电力项目	MOEP有权向外国投资者颁发大型项目（大于3万kW）的电力业务许可证	地区或邦政府可以批准和管理未连接到国家电网的中小型项目
2014年《缅甸经济特区法》	基础设施建设	投资人在该特区内可从事的行业包括火电厂、天然气发电厂、输变电工程等基础设施领域	免税区、业务区、经济特区投资可以享受5年、7年、8年不等的所得税减免年限
2016年《缅甸投资法》《缅甸投资法实施条例》	所有电力工程	通过能源电力部审批。可通过BOT方式投资电源，以水电居多；可参与所有电力工程、电力联网工程，缅甸政府保留电力系统的管理和电气工程检查业务	根据投资所在地发达程度，可享受3年、5年和7年不等的所得税减免年限

3. 泰国

泰国电力投资相关的文件主要包括《外国商业法》《能源工业法》，以及《2022—2030年度根据上网电价补贴从可再生能源采购电力的规定》。从电力投资相关法规及近年境外企业投资领域来看，泰国鼓励外资进入可再生能源领域，投资者在泰国投资享有多项政策支持；发电侧完全对外资开放，输电侧由泰国国家电力局（EGAT）垄断，泰国首都电力局（MEA）和泰国地方电力局（PEA）负责配电业务，但私人运营商可以从泰国能源监管委员会（ERC）获得配电许可证。从《2022—2030年度根据上网电价补贴从可再生能源采购电力的规定》来看，发电企业允许境外投资，但必须由本地企业控股，可再生能源发电具有一定的上网电价优惠政策。泰国电力投资相关法规文件见表1-5。

表 1-5　　泰国电力投资相关法规文件

投资法规	涉及领域	具体措施/规定	政策/优惠
1999 年《外国商业法》	外商投资	为获得项目的土地所有权，首先须获得所有相关政府批准，如发电许可证、工厂许可证、签署的购电协议等；再向投资促进委员会申请投资促进证书	对鼓励类项目提供免征近期进口税、原材料和零部件五年免税、免征 3～8 年的公司税
2007 年《能源工业法》	能源投资	ERC 负责监管泰国的发电、输电和配电，包括牌照的种类、费用和期限和获得发电、配电和输电许可证等要求等	原则上允许其他申请人获得输电许可证，但目前 EGAT 是唯一获得该许可证的实体
2017 年《投资促进项目申请指南》	电力生产、可再生能源领域	第一类行业项目需满足泰籍人持股不少于注册资金的 51%、第二类和第三类没有持股要求	投资使用可再生能源发电可享受减免 8 年企业所得税以及免机器进口税、出口产品原材料进口税等优惠政策；投资使用热电联和清洁煤技术发电，可享受减免 3 年企业所得税以及其他优惠政策
2022 年《根据上网电价补贴从可再生能源采购电力的规定》	可再生能源领域	发电企业境外股东持股比例不得超过 49%、商业运行日期三年内保持原始股东的持股比例不低于 50%、至少 1/2 的董事和所有授权董事必须是泰国籍、发电企业的公司经营范围必须包括电力生产和分配、不能改变可再生能源的类型、项目的地点或计划售电量	生物质发电、风电、光伏上网电价为 2.16～3.1 泰铢/kW

4. 柬埔寨

柬埔寨电力投资相关的文件主要是《电力法》《柬埔寨王国投资法》。从电力投资相关法规及近年境外企业投资领域来看，柬埔寨电力资产管理和运行对外资开放的程度较高，电源、输电网、配电网以及国外互联项目均有条件对外资开放。2021 年柬埔寨最新发布《柬埔寨王国投资法》将对绿色能源及有助于适应和减缓气候变化的科技领域的投资、电气和电子产业、经济特区的发展、数字产业、具创新及研究发展的高科技产业、发展实体基础设施等 19 项产业列入鼓励名单，给予豁免 3～9 年的所得税的优惠并获得免税出口优惠。柬埔寨电力投资相关法规文件见表 1-6。

表1－6　柬埔寨电力投资相关法规文件

投资法规	涉及领域	具体措施/规定	政策/优惠
2014年《电力法》	电力许可	电力供应商都必须获得柬埔寨电力局颁发的许可证	类型包括发电、输电、调度、配电、售电、外包和综合性电力企业7种。电源、输电网、配电网以及跨国互联项目均有条件对外资开放
2021年《柬埔寨王国投资法》	所有领域	鼓励绿色能源、数字产业、基础设施建设领域投资；位于经济特区的合资投资项目，同样有权享有与本法所述的其他合资投资项目同样的鼓励和保护	根据投资领域与活动，豁免3～9年的所得税

5．越南

越南电力投资相关的文件主要包括《投资法》《公私合营法》《电力法》。从电力投资相关法规及近年境外企业投资领域来看，越南鼓励清洁能源项目，对发电公司资产或持有比例没有限制。外国发电公司基本通过BOT模式在越南投资，但越南电力集团（EVN）在电力传输和配电领域扮演着垄断角色。根据最新《公私合营法》法，越南正逐步降低电网领域投资限制。2022年3月，越南通过最新《电力法》修正案，增加了优先帮助未接入国家电网的地区发展电力、对可再生能源电厂采取优惠政策、鼓励电力新项目应用先进技术等新规定。越南电力投资相关法规文件见表1－7。

表1－7　越南电力投资相关法规文件

投资法规	涉及领域	具体措施/规定	政策/优惠
2014年《投资法》	电力投资	涉及新能源生产、清洁能源、再生能源、垃圾焚烧，或环境保护等属于特别投资鼓励项目，政府给予一定优惠措施	新能源项目免除所得税10～15年，并且永久免除自然资源税；部分水电项目给予购电补助；生物质能项目给予税收和信贷优惠
2021年《公私合营法》(PPP法)	发电与电网	电网和发电厂（《电力法》规定的水电站和国家垄断项目除外）属鼓励投资行业，但投资资本须达到15000亿越南盾，可再生能源项目为5000亿越南盾	允许包括BOT、BTO、BOO、O&M等在内的7种投资模式，BT模式除外

续表

投资法规	涉及领域	具体措施/规定	政策/优惠
2022年《电力法》修正案	电力行业	允许私人投资者参与输电网络建设，并允许其运营所投资的电网系统；越南政府将保持在国家电力系统和大型发电厂管理、建设和经营等方面的垄断地位	优先帮助未接入国家电网的地区发展电力、对可再生能源电厂采取优惠政策、鼓励电力新项目应用先进技术

1.2.4.3 吸引外商直接投资

外商对澜湄五国直接投资存量整体保持增长态势，直接投资流量国别差异较大，受新冠疫情影响资本外流明显。2022年外商对澜湄五国直接投资存量为6123亿美元，较2013年增加105.1%，其中外商对泰国和越南投资存量较大，占比达到84.4%。

2020年受封锁措施、供应链中断、企业盈利下降、投资计划延迟和经济不确定性等影响，导致外商直接投资收缩，2020年外商对澜湄五国直接投资流量为175亿美元，较2019年下降37.3%，其中，泰国受2020年乐购（英国）撤资100亿美元影响，外商直接投资流量降至－45亿美元；缅甸受政治局势剧变影响，2020年外商直接投资流量同比下降24%；越南和柬埔寨外商直接投资流量同比下降1%～2%，老挝外商直接投资流量有所增加。

2021年，外商对澜湄五国直接投资流量同比增长93.1%，达337.1亿美元。其中，泰国外商直接投资流量由负转正，2021年达114亿美元，成为澜湄五国外商直接投资的主要增量。老挝和缅甸外商直接投资流量同比增长8%～10%，但整体投资吸引力不足，投资流量较小，2021年分别为11亿美元、21亿美元。柬埔寨2021年外商直接投资流量持续减少，达35亿美元，同比下降3.9%。越南受益于全球产业链转移，已成为澜湄五国中最大的外商直接投资接受国，2010—2021年外商直接投资流量保持稳定增长趋势，2021年达157亿美元。

经过2021年外商投资流量大幅度回升之后，2022年投资流量有小幅回落，但仍处于十年内的较高水平，外商对澜湄五国直接投资流量同比下降1.3%，达到332.8亿美元。其中，越南、泰国外商直接投资存量分别为179亿美元、100.3亿美元，是澜湄五国外商直接投资的主要市场，越南外商直接投资当年流量创新高。柬埔寨、老挝和缅甸分别为35.8亿美元、5.3亿美元、12.4亿美元。2013—2022年澜湄五国外国直接投资变化情况如图1-9所示。

（a）外国直接投资存量

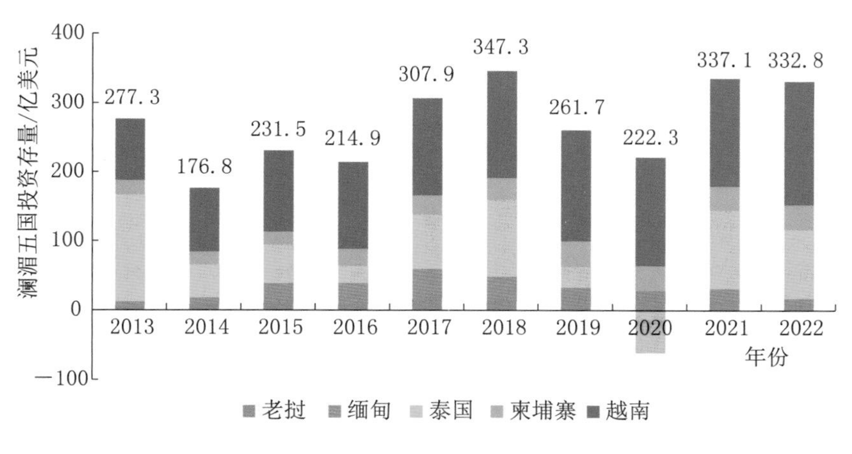

（b）外国直接投资存量

图1-9 2013—2022年澜湄五国外国直接投资变化情况

数据来源：联合国贸易和发展会议

1.2.5 进出口贸易

2013—2019年澜湄五国商品进出口总额整体呈现增长趋势，年均增长率5.5%，2019年澜湄五国进出口总额达到12328亿美元。2020年以来，受新冠疫情和全球经济放缓影响，澜湄五国商品流通性降低，进出口总额相较2019年下降了5.7%，总量降至11631亿美元。其中，柬埔寨、越南进出口总额逆势增长，增幅分别为6.4%、6.3%；老挝、缅甸、泰国进出口总额均有不同程度的下降，降幅分别为4.2%、9.2%、17.6%。

2021年得益于对新冠疫情形势的控制，商品进出口流通开始恢复，澜湄五国进出口总额相比2020年强势反弹，总量约13249亿美元，整体增长率达到13.9%，超过疫情前水平。

2022年得益于RCEP的生效、中老铁路开通等有利因素，澜湄五国进出口贸易相较于2021年增长明显，总量约为14694亿美元，整体增长率达到10.9%。其中，柬埔寨、泰国增长率超过10%，分别为13.7%、11.9%；越南、缅甸、老挝进出口总额同样明显增长，增长率分别为9.8%、8.4%、6.8%。2013—2022年澜湄五国商品贸易进出口总额及变化趋势如图1-10所示。

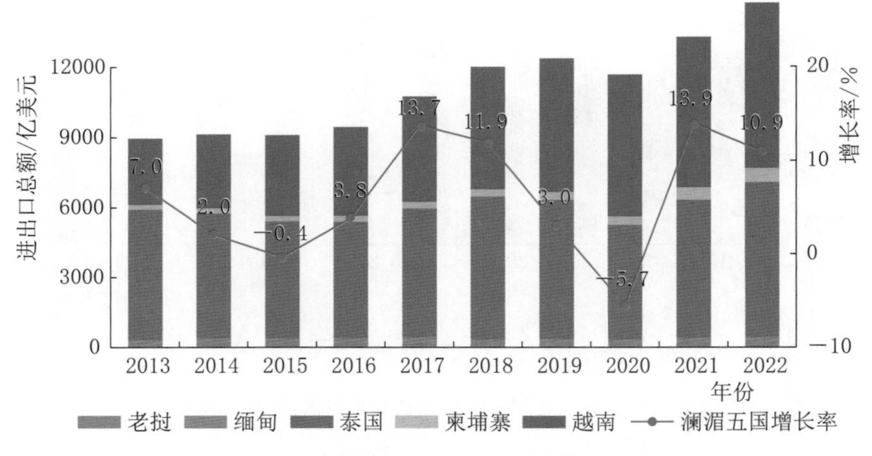

图1-10 2013—2022年澜湄五国商品贸易进出口总额及变化趋势

数据来源：惠誉

2022年各国进出口均实现不同程度的增长。老挝进、出口合计增长6.8%，其中出口增长8.0%，进口增长5.4%；缅甸进、出口合计增长8.4%，其中出口增长12.9%，进口增长4.1%；泰国进、出口合计增长12%，其中出口增长4.3%，进口增长20.7%；柬埔寨进、出口合计增长13.8%，其中出口增长1.7%，进口增长24.7%；越南进、出口合计增长9.8%，其中出口增长15.6%，进口增长3.6%。2022年澜湄五国商品贸易进出口额如图1－11所示。

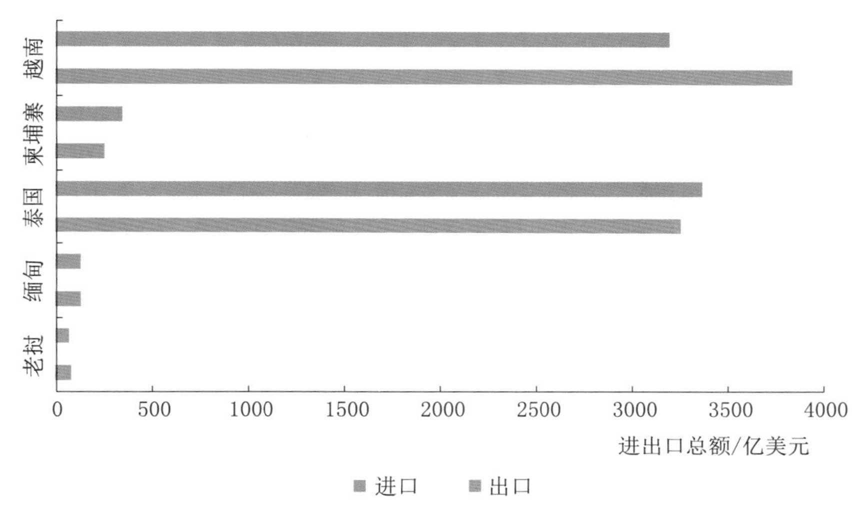

图1－11　2022年澜湄五国商品贸易进出口额

数据来源：惠誉

澜湄各国对华进出口贸易额有显著差异。泰国、越南与中国贸易额位居前列，2021年、2022年越南均为中国第六大贸易国家。从与中国贸易额来看，越南对华进出口贸易额最大，2022年达到2349亿美元；其次是泰国，达到1350亿美元；缅甸、柬埔寨、老挝贸易额相对较少，分别为251亿美元、160.2亿美元、56.8亿美元。2016—2022年澜湄五国对华商品贸易进出口额如图1－12所示。

中国与澜湄五国进出口贸易占中国进出口贸易比重整体呈上升趋势。2022年，中国与澜湄五国进出口贸易占中国进出口贸易比重达到6.6%，较2016年提升1.1个百分点。可见澜湄五国作为中国贸易伙伴地位有所提升。

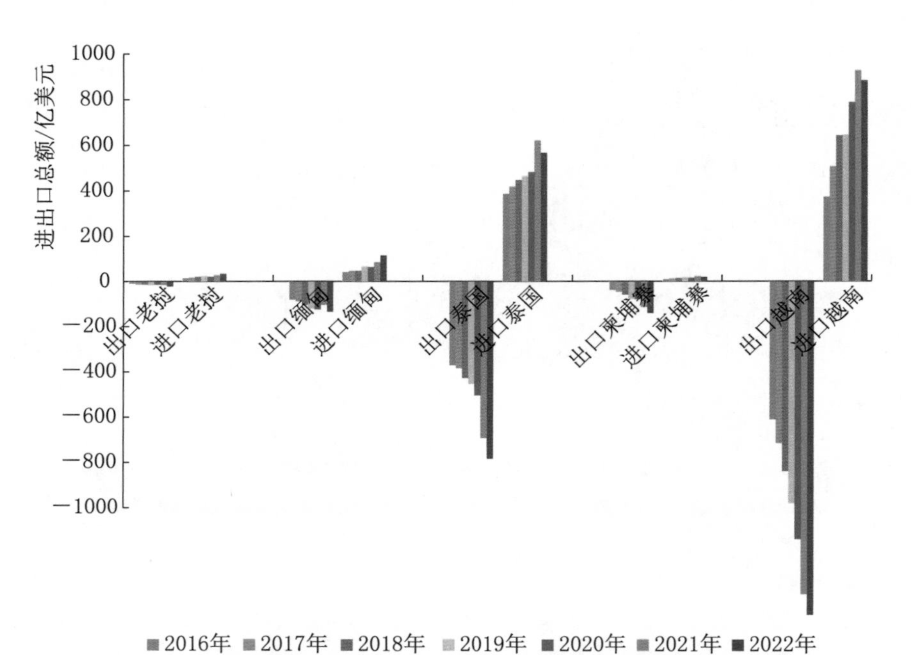

图 1－12　2016—2022 年澜湄五国对华商品贸易进出口额

数据来源：中国商务部

中国与澜湄五国进出口贸易占澜湄五国进出口贸易比重逐年提升。2022 年，中国与澜湄五国进出口贸易占澜湄五国进出口贸易比重达到 28.4%，较 2016 年提升 7.9 个百分点。2016—2022 年澜湄五国对华贸易占中国进出口贸易总额比重和澜湄五国进出口贸易总额比重分别如图 1－13、图 1－14 所示。

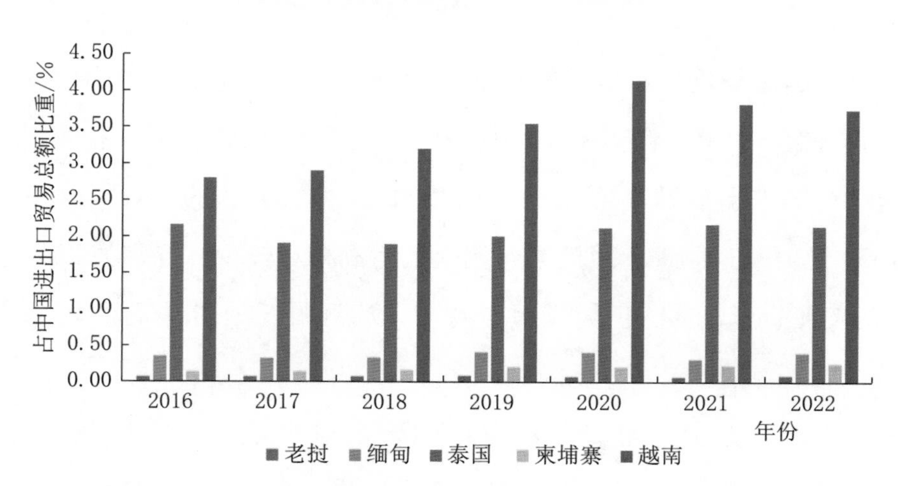

图 1－13　2016—2022 年澜湄五国对华贸易占中国进出口贸易总额比重

数据来源：中国商务部

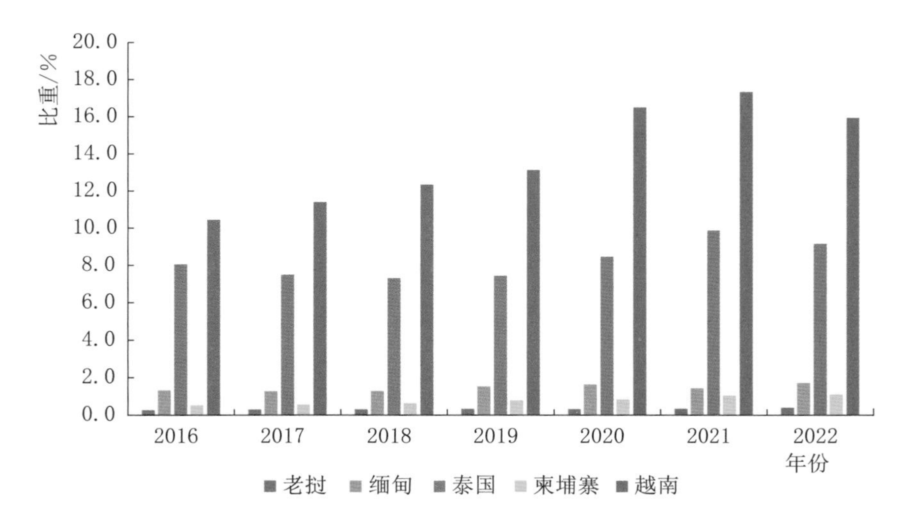

图 1－14　2016—2022 年澜湄五国对华贸易占澜湄五国进出口贸易总额比重

数据来源：中国商务部、惠誉

澜湄国家贸易合作有优良的基础和巨大的潜力。澜湄区域是汇聚知识密集型、技术密集型、资金密集型、劳动密集型产业于一体的区域，具备天然的资源和市场互补性，经贸合作得天独厚，RCEP 等多边和双边经贸协议的合作升级，以及区域内铁路交通网络的建设升级，澜湄国家经贸活动将处于长期持续活跃状态。

1.2.6　消费者物价指数

2013—2020 年澜湄五国通货膨胀率趋于稳定水平，2021 年澜湄五国按物价水平的通货膨胀率均在 1.2～3.8，但 2022 年澜湄五国通货膨胀率有较大幅度的提升。

多重外部因素导致 2022 年各国通货膨胀[1]强势反弹。在新冠疫情反复、俄乌冲突扩大化、各国央行货币政策普遍收紧等多重因素影响下，较多国家普遍面临经济滞胀甚至衰退的风险挑战。全球经济复苏乏力，通货膨胀压力仍将持续，叠加持续的能源和粮食等供应风险，澜湄五国通货膨胀水平仍将

---

[1] 澜湄五国通货膨胀数据来源：老挝国家银行、缅甸中央统计局、泰国商务部、柬埔寨国家统计局、越南统计局。

处于高位态势，特别是老挝和缅甸通货膨胀问题尤为显著。

2022 年，老挝受到基普的持续贬值影响，通货膨胀率为 23.0％，相比 2021 年的 3.8％大幅提升；缅甸 2022 年持续受到政局动荡、新冠疫情等因素影响，通货膨胀率由 2021 年的 3.6％提升至 14.0％；泰国受到国际能源价格上涨和国内商品供需失衡等因素影响，2022 年通货膨胀率由 2021 年的 1.2％提升至 6.1％，创下了 24 年来的最高水平；柬埔寨主要受到全球石油和食品价格的上涨等因素影响，2022 年通货膨胀率从 2021 年的 2.92％提升至 5.34％，达到 2013 年以来最高水平；越南通货膨胀率较为稳定，2022 年通货膨胀率从 2021 年的 1.83％上升至 3.16％，与 2020 年水平持平。2013—2022 年澜湄五国通货膨胀率（按物价指数）如图 1－15 所示。

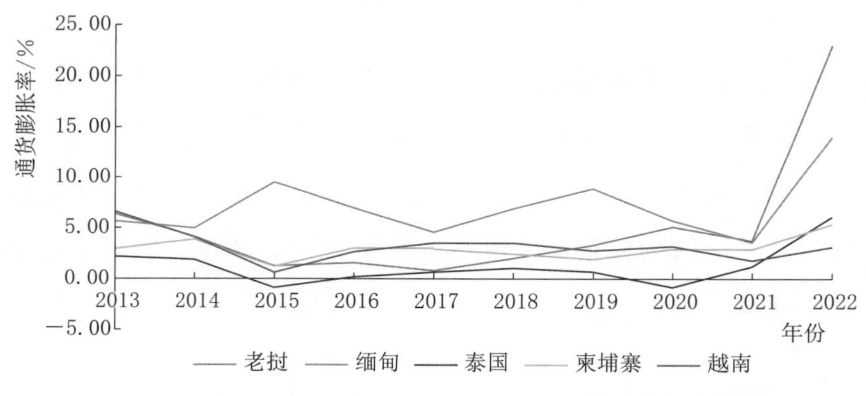

图 1－15　2013—2022 年澜湄五国通货膨胀率（按物价指数）

数据来源：老挝国家银行、缅甸中央统计局、泰国商务部、柬埔寨国家统计局、越南统计局

1.2.7　发展水平

澜湄五国经济发展整体处于工业化初期阶段。综合城镇化率、人均 GDP、产业发展等指标来看，澜湄五国目前整体处于工业化初期阶段，以劳动密集型产业和资本密集型产业为主，第二产业以轻型工业为主，第三产业以旅游业为主。澜湄五国中，泰国经济发展水平最高，越南次之，处于工业化中期阶段；老挝、缅甸、柬埔寨三国，农业占比较高，处于工业化初期阶段。2022 年澜湄五国经济发展水平相关指标见表 1－8。

表1－8　　2022年澜湄五国经济发展水平相关指标

国别	城镇化率/%	人均GDP/美元	产业		
			第一产业占比/%	第二、第三产业比较	重点行业
老挝	37.6	2599	<20	第二产业<第三产业	农业、电力、矿产、纺织、批发零售
缅甸	31.8	1347	>20	第二产业<第三产业	农业、加工制造、运输
泰国	52.9	6278	<10	第二产业<第三产业	农业、汽车制造业、旅游
柬埔寨	25.1	1488	<20	第二产业、第三产业相当	农业、建筑、旅游
越南	38.8	3655	<15	第二产业、第三产业相当	农业、加工制造、旅游

1.3　最新发展规划及相关政策

澜湄五国经济发展规划并无统一的时间周期，老挝、泰国、越南有本国的五年规划，缅甸、泰国、越南有本国的中长期规划。各国均提出了适合本国发展的重点产业和力争目标，同时也开始了数字化发展的规划和部署。

1. 老挝

2021年1月，老挝发布《第九个国家社会经济发展五年规划（2021—2025年）》，提出了扩大和深化高标准的国际合作，2021—2025年实现经济年均增长率4%，人均GDP达到2880美元的目标。

2021年11月1—17日，老挝召开第九届国会第二次会议，通过了《2021年社会经济发展计划的执行情况和2022年工作计划的报告》《2021年财政预算、货币政策的执行情况和2022年预算草案的报告》和老挝国家审计署、最高人民检察院、最高人民法院以及国会工作情况的相关规划等，一是坚定了反贪反腐的决心；二是提出减贫的相关举措。

2. 缅甸

2018年，缅甸公布《2018—2030年可持续发展规划》，作为制定各项计划的基本框架，提出重点发展电力、公路、桥梁、电信、基础设施、农业、运输和研究与技术领域，优先发展基础设施，加强金融体系建设，鼓励创意产业发展，将以太阳能为代表的可再生能源列入发展目标。

2021年以来缅甸政局动荡，军政关系恶化，多重矛盾叠加，世界银行、亚洲开发银行等国际经济机构指出，缅甸经济呈现的震荡与缅甸政局剧变有着莫大的关系。军政府接权后，缅甸社会经济受到部分外资撤离、新冠疫情等多重因素影响，经济发展受挫，贫困人口增加。

3. 泰国

2021年11月，泰国内阁通过《2023—2027年经济社会发展第十三个五年规划》草案，提出计划2023—2027年将泰国建设成为经济上可持续地创造增值价值的进步社会。泰国为进一步发展东部经济走廊特区，制定第二期投资计划（2022—2026年），指定12个目标产业类别，提出基础建设投资金额预估为3980亿泰铢。

2022年10月，泰国投资委员会批准了《投资促进战略（2023—2027年）》，推动泰国进入“新经济时代”。战略指出，泰国经济的转型将遵循以下三个核心：科技创新，快速应变能力以及可持续发展包容性。战略提出了包括低碳化领域的投资加速产业绿色转型、促进海外投资、推动建设区域贸易门户等措施以改善泰国的商业环境。

4. 柬埔寨

柬埔寨政府制定了相关经济发展战略，签订了RCEP（2020年11月15日签署）、中柬自贸协定（2020年10月12日签署）、柬韩自贸协定（2021年10月26日签署）以促进经济复苏，并于2020年7月、2021年6月分别完成了《电子商务战略》《数字经济和数字社会政策框架》等经济发展战略的制定，提出计划到2035年前实现五大“数字发展目标”，包括建设数字基础设施、建立数字系统信心、培养数字人才、推行电子政府以及推进数字经济等，规划2035年数字经济规模占到GDP的5%～10%。

同时，柬埔寨政府从扶持农业入手，制定了《新冠疫情新常态下振兴和复苏经济政策框架》草案，提出扶持农业、旅游业、成衣业和非成衣制造业等四大经济产业，并计划至2023年，投入近66亿美元推行各项发展项目，以推动各个领域在疫情后复苏。

5. 越南

2020 年 6 月、2020 年 12 月、2022 年 2 月和 2022 年 4 月，越南分别发布了《至 2025 年国家数字化转型规划及 2030 年发展方向》《至 2030 年第四次工业革命的国家战略》《关于 2021—2025 年阶段经济社会发展规划的指示》和《关于贯彻越南国会 2021—2025 年经济结构调整决议的政府行动计划》等经济发展战略，制定了相应的发展目标，提出了进一步加快基础设施、数据库和人力资源开发，发展电子政务以建立数字政府，增强国家创新能力，优先开发机器人技术、先进材料、可再生能源、人工智能、物联网、大数据和区块链，扩大在科技，特别是优先技术方面的国际合作与一体化等发展策略。

2023 年 1 月，越南政府的第 01/NQ－CP 号决议提出了 2023 年推动经济社会发展、改善营商环境、提高国家竞争力的十一大任务和措施。重点提出了建设、完善配套战略基础设施系统，尤其是交通基础设施、应对气候变化的基础设施和数字化基础设施。集中精力做好环境保护工作，高效管理、利用土地和自然资源。近年来，越南经济发展迅速，数字化转型及基础设施建设成为越南发展的重中之重。随着生产设施的搬迁浪潮，2023 年又有多家科技企业表示将会继续扩大在越南的投资规模。越南正成为越来越多生产制造类企业出海投资的新目的地。

第 2 章

能源发展

创新引领
智力共享

2.1 能源资源禀赋

1. 化石能源

澜湄五国煤炭资源、原油资源储量总体偏少，天然气资源较为丰富。澜湄五国煤炭资源储量❶为 49.3 亿 t，原油资源储量❷ 4.79 亿桶，天然气资源储❸量 14750 亿 m^3。澜湄五国煤炭、原油、天然气储量如图 2-1～图 2-3 所示。

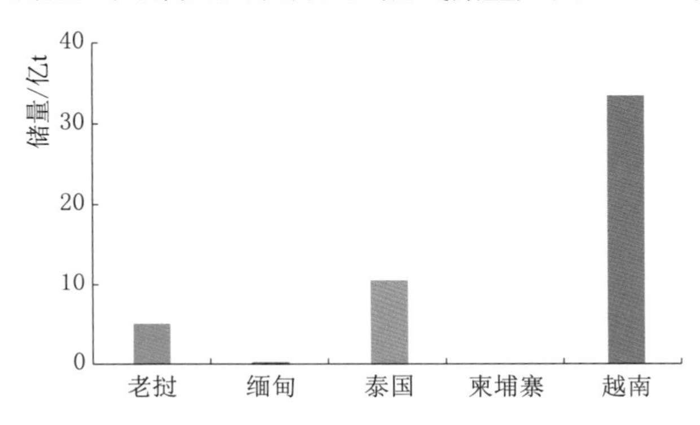

图 2-1 澜湄五国煤炭储量

数据来源：英国石油（BP）、泰国能源部、越南工业与贸易部（MOIT）

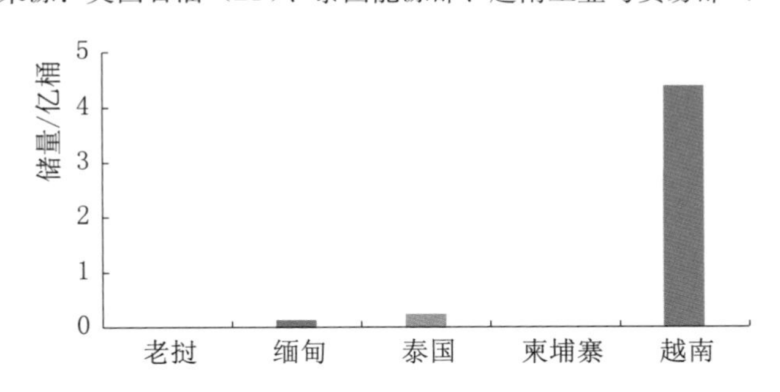

图 2-2 澜湄五国原油储量

数据来源：英国石油（BP）、泰国能源部、越南工业与贸易部（MOIT）

---

❶ 越南煤炭资源最为丰富，现储量 33.6 亿 t，超过其余四国总和，占全球 0.3%，储采比 73。泰国现储量 10.6 亿 t，占全球 0.1%，储采比 76。老挝煤炭储量 5.03 亿 t，主要用于水泥行业和洪沙煤电所需。缅甸煤炭资源稀缺，仅有 600 万 t 的储量。柬埔寨煤炭资源较为贫乏。

❷ 越南原油储量 4.4 亿桶，占澜湄五国总储量的 91.8%。泰国和缅甸有少量的原油资源，储量分别为 0.25 亿桶、0.14 亿桶。老挝和柬埔寨原油资源贫乏。

❸ 缅甸和越南的天然气储量占澜湄五国总量的 90.6%。缅甸天然气资源最为丰富，现存 6372 亿 m^3，占全球总储量 0.6%，储采比 68.4。越南天然气资源绝大部分为海上气田，现存储量为 6995 亿 m^3，占全球总储量 0.3%，储采比 65.6。泰国天然气开采进入开发后期，现存储量 1383 亿 m^3，占全球总储量 0.1%，储采比不足 5.0。老挝和柬埔寨缺乏天然气资源。

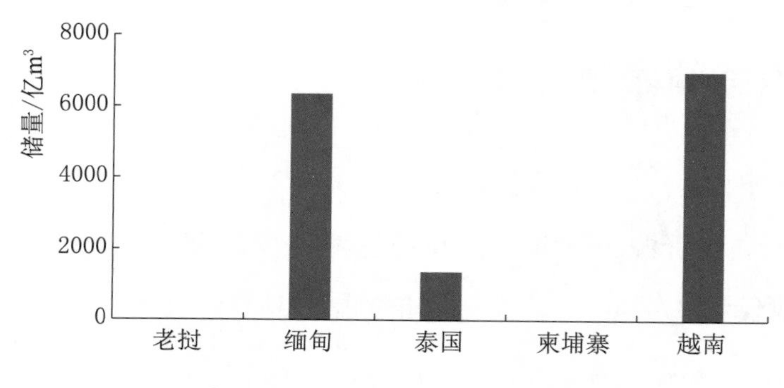

图 2-3　澜湄五国天然气储量

数据来源：英国石油（BP）、缅甸电力部（MOEP）、泰国能源部、越南工业与贸易部（MOIT）

2. 可再生能源

水能资源丰富，主要分布在老挝、缅甸和越南。澜湄五国水能资源技术可开发量12480万kW，目前已开发水能资源3969万kW，约占技术可开发量的31.8%。老挝、缅甸和越南的水能资源禀赋较优。缅甸开发潜力巨大，超5000万kW；老挝因技术与市场等原因，尚有约1600万kW待开发；越南水能资源已开发超过74%，尚有700多万kW待开发；泰国和柬埔寨水能资源相对较少，水能资源技术可开发量分别为880万kW、700万kW。澜湄五国水能资源分布及利用情况如图2-4所示。

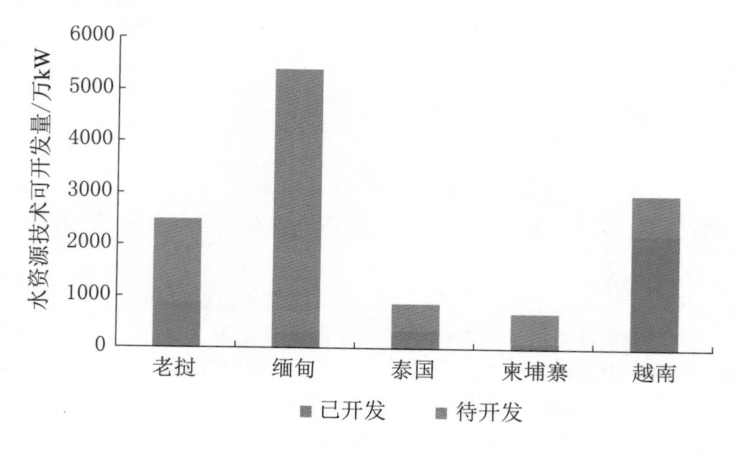

图 2-4　澜湄五国水能资源分布及利用

数据来源：世界银行、老挝国家电力公司（EDL）、缅甸电力部（MOEP）、泰国国家电力局（EGAT）、柬埔寨电力公司（EDC）、越南电力集团（EVN）

风能资源较为丰富，主要分布在泰国、越南和缅甸。澜湄五国风电（含陆风、海风）技术可开发量约 11.14 亿 kW，主要分布在泰国、越南和缅甸。其中，澜湄五国陆上风电技术可开发区域内，大部分区域处于 5～6m/s 的较低风速区间，低风速风电开发潜力巨大。泰国、越南和缅甸风电技术可开发量在 2 亿～5 亿 kW，老挝、柬埔寨风电技术可开发量不足 1 亿 kW。就实际开发而言，泰国和越南风电开发起步较早，并且保持稳步增长趋势；老挝也已经开始风电开发进程，目前已有在建风电项目约 60 万 kW，已获投资的待开发项目超过 100 万 kW；缅甸、柬埔寨尚未开始风电的开发。澜湄五国风电（含陆风、海风）技术可开发量如图 2-5 所示。

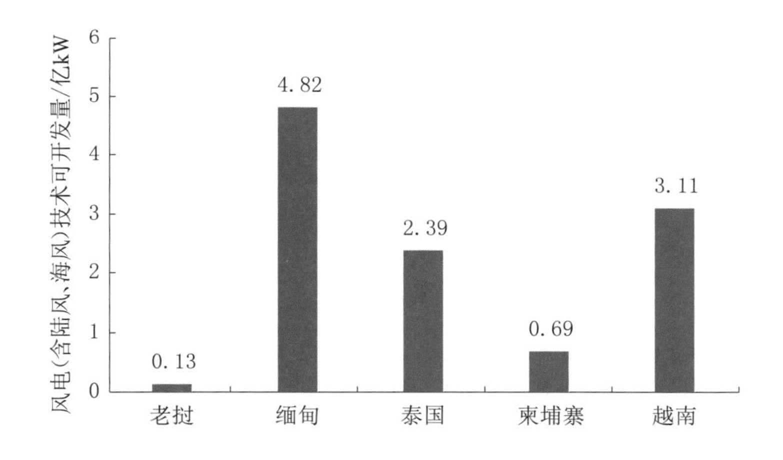

图 2-5 澜湄五国风电（含陆风、海风）技术可开发量

数据来源：世界银行、世界自然基金会（WWF）

太阳能资源较为可观。澜湄五国太阳能年平均辐射强度 1722kW·h/m^2，与中国相比整体太阳能辐射强度更高（中国 2022 年太阳能年平均辐射强度为约 1563.4kW·h/m^2），其中泰国、柬埔寨太阳能年平均辐射强度超过 1850kW·h/m^2，缅甸约为 1714kW·h/m^2，老挝和越南太阳能年平均辐射强度在澜湄五国中相对较低。澜湄五国太阳能年平均辐射强度如图 2-6 所示。

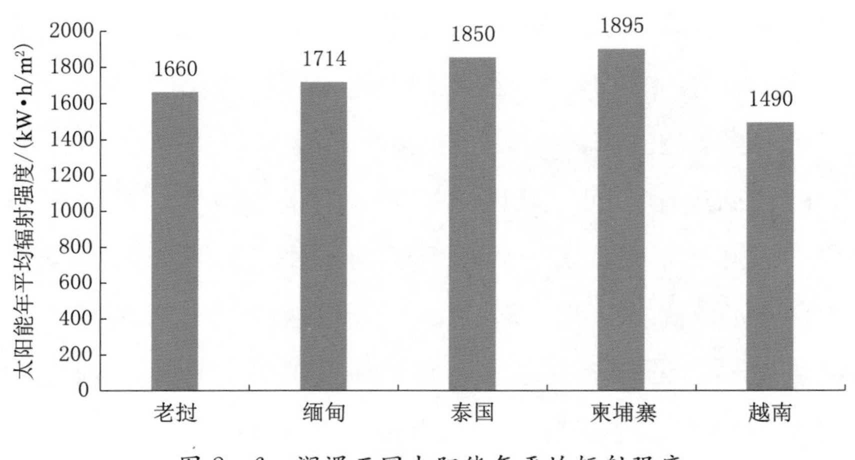

图 2-6　澜湄五国太阳能年平均辐射强度

数据来源：GeoModel Solar

2.2　能源生产

一次能源生产总量整体保持稳定。泰国和越南一次能源生产量占比最高。 2022年，澜湄五国一次能源生产总量为27134万t标准煤，同比增长2.2%，较2013年增加了2014万t标准煤，2013—2022年年均增长率为0.9%。2013—2022年澜湄五国一次能源生产总量及年均增长率如图2-7所示。

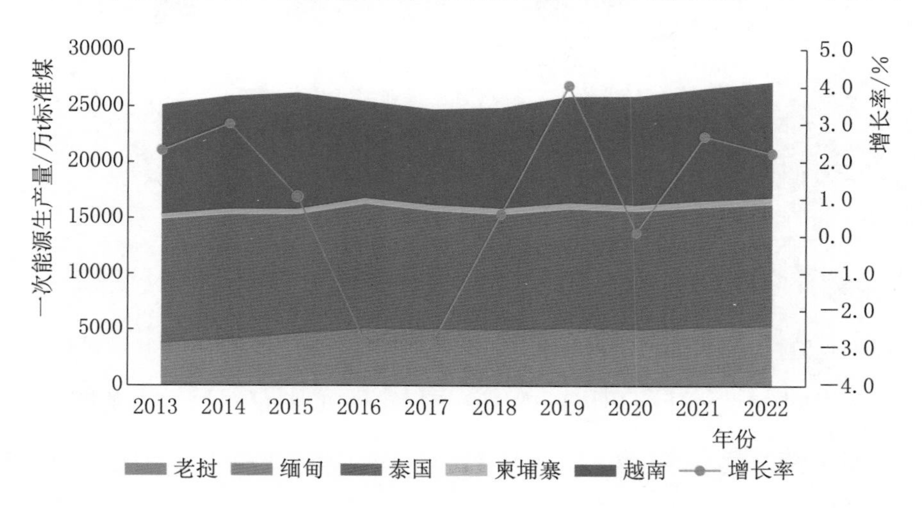

图 2-7　2013—2022年澜湄五国一次能源生产总量及年均增长率

数据来源：国际能源署（IEA）、南方电网澜湄国家能源电力合作研究中心（LMERC）

泰国、越南一次能源生产总量在澜湄五国中长期占据主导地位。泰国和越南是澜湄五国中的能源生产大国，2022 年，老挝、缅甸、泰国、柬埔寨、越南一次能源生产总量分别为 1026 万 t 标准煤、4241 万 t 标准煤、10944 万 t 标准煤、595 万 t 标准煤和 10328 万 t 标准煤，占比分别为 3.8%、15.6%、40.3%、2.2%和 38.1%。2022 年泰国和越南一次能源生产总量占比相较 2013 年有所下降，分别下降了 4.0 个百分点和 0.9 个百分点。2013 年和 2022 年澜湄五国一次能源生产总量分国别占比如图 2－8 所示。

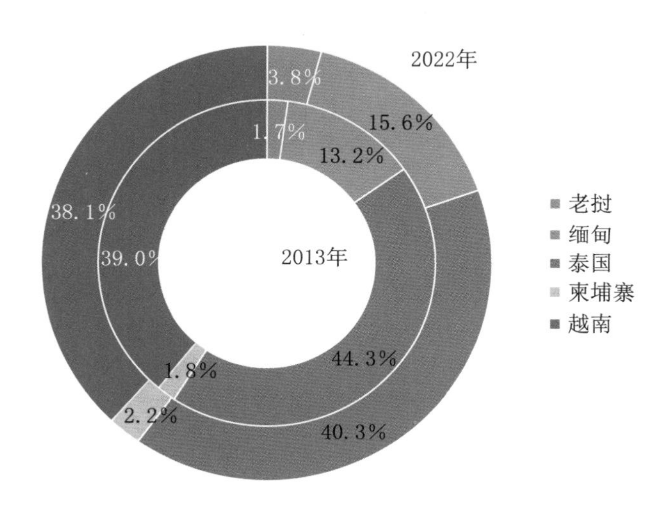

图 2－8 2013 年和 2022 年澜湄五国一次能源生产总量分国别占比

数据来源：国际能源署（IEA）、南方电网澜湄国家能源电力合作研究中心（LMERC）

2.3 能源消费

终端能源消费总量整体保持增长态势，化石能源消费占较大比重，电能占终端消费总量比重持续增加。受到新冠疫情影响，澜湄五国 2020 年终端能源消费总量小幅下降，2021 年有所恢复，2022 年小幅增长，为 27813 万 t 标准煤，同比增加 0.6%，较 2013 年增加了 3421 万 t 标准煤，2013—2022 年年均增长率为 1.5%。2022 年终端能源消费中化石能源（煤炭、石油、天然气）占比最大，约为 60.5%，相比 2013 年增长约 2%，其

中石油占43.5%，煤炭和天然气分别占12.1%和4.8%；2022年终端能源消费中生物质能占比18.1%，相比2013年降低了8.4个百分点；电能消费占比21.4%，相比2013年增长了6.5个百分点。2013—2022年澜湄五国终端能源消费总量如图2-9所示。

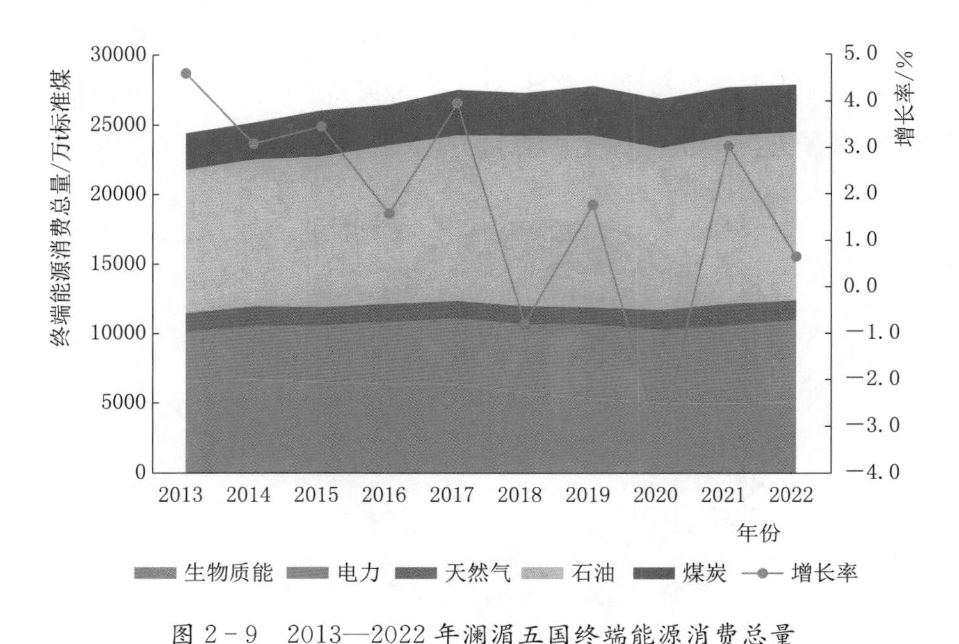

图2-9　2013—2022年澜湄五国终端能源消费总量

数据来源：国际能源署（IEA）、南方电网澜湄国家能源电力合作研究中心（LMERC）

泰国终端能源消费总量占五国一半以上，老挝和柬埔寨占比较小。2022年泰国能源消费总量为14046万t标准煤，占澜湄五国终端能源消费总量的50.5%，与2013年相比降低了4.6个百分点；越南和缅甸终端能源消费总量分别为9262万t标准煤、2920万t标准煤，分别占33.3%和10.5%，越南占比相比2013年提高了6.5个百分点，缅甸占比下降了2.8个百分点；老挝和柬埔寨终端能源消费总量合计1585万t标准煤，占比约5.7%，相比2013年提升了0.9个百分点。2013年和2022年澜湄五国终端能源消费总量分国别占比如图2-10所示。

澜湄五国可再生能源消费（生物质能、电能中可再生能源部分）在最终能源消耗总量中的占比有所下降。2022年缅甸、柬埔寨、老挝可再生能源

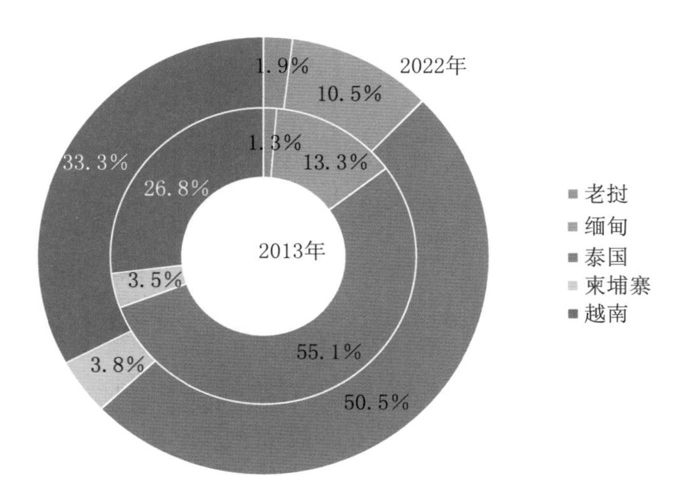

图 2－10　2013 年和 2022 年澜湄五国终端能源消费总量分国别占比

数据来源：国际能源署（IEA）、南方电网澜湄国家能源电力合作研究中心（LMERC）

在最终能源消费中占比较高，分别为 59％、48％、48％，相比 2013 年分别下降了 17％、17％、11％；2022 年泰国和越南可再生能源在最终能源消费中占比相对较低，分别为 22％和 18％，相比 2013 年分别下降了 1％、19％。2013 年和 2022 年澜湄五国可再生能源占终端能源消费总量占比如图 2－11 所示。

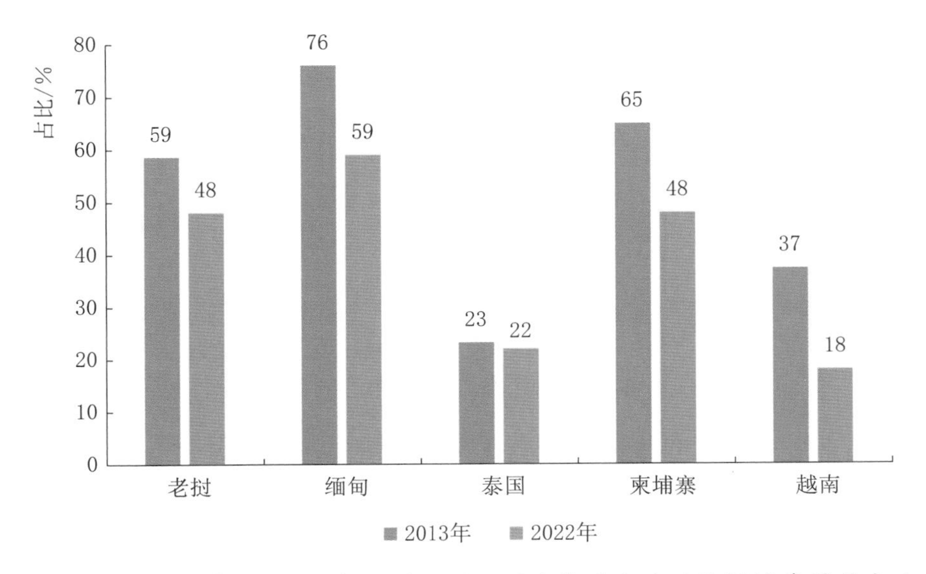

图 2－11　2013 年和 2022 年澜湄五国可再生能源占终端能源消费总量占比

数据来源：国际能源署（IEA）、南方电网澜湄国家能源电力合作研究中心（LMERC）

2.4　能源进出口贸易

澜湄五国整体为能源（化石能源）净进口地区。2013年以来，泰国、柬埔寨一直是能源净进口国家，2022年能源进口净额占能源使用总量的比重分别为47%和53%，相比2013年分别提升了4.6个百分点和15.4个百分点，能源依赖进口程度进一步提升；越南从能源净出口国家转变为能源净进口国家，2022年能源进口净额占能源使用总量的比重为43%，相比2013年−13.6%提升了56.6%，能源依赖进口程度逐年提升；缅甸、老挝一直是能源净出口国家，2022年能源进口净额占能源使用总量的比重分别为−25%和−13%，相比2013年缅甸能源净出口减少，老挝能源净出口增加。

2013年和2022年澜湄五国能源进口净额占能源使用总量的比重如图2－12所示。

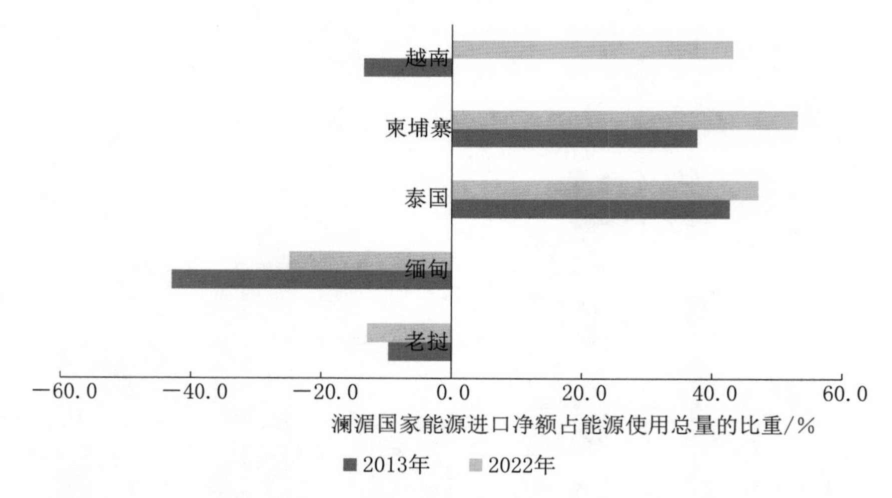

图2－12　2013年和2022年澜湄五国能源进口净额占能源使用总量的比重

数据来源：国际能源署（IEA）、南方电网澜湄国家能源电力合作研究中心（LMERC）

从能源进口方向看，澜湄五国主要从印度尼西亚、澳大利亚、俄罗斯和中国等国进口煤炭；从阿联酋、沙特阿拉伯、美国、阿塞拜疆、科威特等国

进口原油；从卡塔尔、马来西亚、印度尼西亚等国进口天然气；与中国、马来西亚等国进行电能互济，同时澜湄五国之间形成电能互济格局。澜湄五国化石能源进出口地区统计情况见表 2－1。

表 2－1　　　　澜湄五国化石能源进出口地区统计情况

国别	进口				出口			
	煤炭	原油	天然气	电能	煤炭	原油	天然气	电能
老挝	澳大利亚、泰国、中国、印度尼西亚、越南	泰国、中国、越南、韩国	泰国、中国	中国	—	—	—	泰国、越南、中国、柬埔寨
缅甸	澳大利亚、中国、印度尼西亚、俄罗斯、越南	泰国、中国、马来西亚、卡塔尔	马来西亚	中国	—	新加坡、南非	泰国、中国	中国
泰国	印度尼西亚、澳大利亚、俄罗斯	阿联酋、沙特阿拉伯、美国、俄罗斯	缅甸、卡塔尔、马来西亚	老挝、马来西亚	斯里兰卡、孟加拉国、老挝、缅甸	柬埔寨、新加坡、老挝、缅甸、中国	柬埔寨、老挝、越南	老挝、缅甸、柬埔寨、马来西亚
柬埔寨	印度尼西亚、澳大利亚、泰国、中国	泰国、越南、马来西亚	越南、泰国、印度尼西亚	泰国	—	—	—	—
越南	印度尼西亚、澳大利亚、南非、俄罗斯	科威特、马来西亚、泰国	卡塔尔、马来西亚、韩国	老挝、中国	日本、新加坡、韩国	中国、日本、澳大利亚、老挝	柬埔寨	—

澜湄国家在能源资源利用和互济方面呈现优势，各国区位紧密程度和化石能源资源禀赋为化石能源互补提供有利条件。煤炭方面已形成以泰国、中国为主要的出口国，老挝、缅甸、柬埔寨为主要进口国的贸易格局；原油及油制品已形成以泰国、越南为主要出口国，其他国家为进口国的贸易格局；天然气方面已形成缅甸、泰国为主要出口国，其他四国为进口国的贸易格

局。澜湄国家还从澳大利亚、俄罗斯、中东等国家和地区进一步进口给予化石能源的补充。

澜湄国家具有较好的以水电为基础的清洁能源互济基础。老挝、缅甸、中国西部地区水电资源丰富，目前已初步具备清洁能源资源优化配置能力，中国、越南、泰国是区域内主要清洁电能消纳市场，形成了以老挝、缅甸为净出口国，中国、越南、泰国为净进口国，同时“老泰”“中老”丰枯互济的清洁电能互济格局。在能源转型背景下，以水为纽带的清洁能源发展及合作必要性将凸显。

2.5 能源强度

澜湄五国能源强度[1]自 2013 年以来有所下降。2022 年澜湄五国能源强度为 3.0 万 t 标准煤/亿美元，与中国（2022 年能源强度为 3.2 万 t 标准煤/亿美元）相比略低，相比 2013 年降低了 0.6 万 t 标准煤/亿美元，可见澜湄五国经济发展对能源的依赖程度有所下降。

柬埔寨、缅甸能源强度分别为 4.2 万 t 标准煤/亿美元和 4.0 万 t 标准煤/亿美元，相比 2013 年分别降低了 1.2 万 t 标准煤/亿美元和 1.8 万 t 标准煤/亿美元，在澜湄五国中较高，说明柬埔寨、缅甸经济发展对能源的依赖程度较高；泰国、老挝、越南能源强度分别是 3.1 万 t 标准煤/亿美元、2.7 万 t 标准煤/亿美元、2.6 万 t 标准煤/亿美元，相比 2013 年分别降低 0.4 万 t 标准煤/亿美元、0.2 万 t 标准煤/亿美元、0.5 万 t 标准煤/亿美元，经济发展对能源的依赖程度相对较低。

2013—2022 年澜湄五国能源强度如图 2－13 所示。

---

[1] 单位国内生产总值（GDP 采用 2015 年可比价，本节下同）能耗是国内一次能源消耗总量或终端能源消费总量与国内生产总值之比，即一定时期内，一个国家（地区）每生产一个单位的国内（地区）生产总值所消费的能源。作为衡量和反映绿色发展以及能源革命进程的核心指标之一，它反映经济对能源的依赖程度，受一系列因素的影响，包括经济结构、经济体制、技术水平、能源结构、人口等。

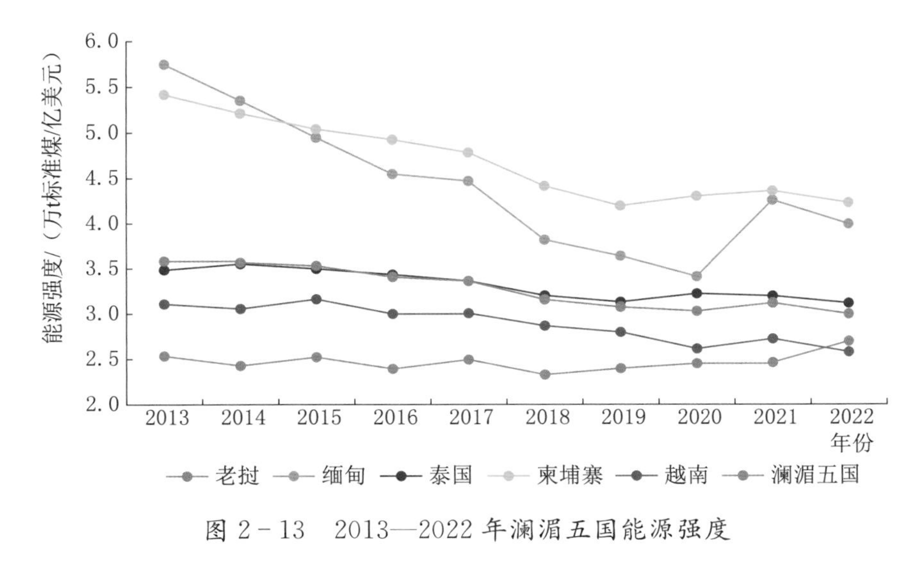

图 2-13　2013—2022 年澜湄五国能源强度

数据来源：国际能源署（IEA）、南方电网澜湄国家能源电力合作研究中心（LMERC）

2.6　能源发展规划

在全球能源转型背景下，澜湄五国制定并发布清洁能源发展战略和规划，愈加注重能源安全、清洁低碳、技术创新和数字化发展。

（1）老挝。2021 年，老挝发布《国家自主贡献》和《老挝 2021—2030 年电力发展规划》，其中提出了至 2025 年该国可再生能源占终端能源比例达 30%，常规政策场景（BAU）下至 2030 年老挝终端能源消费总量下降 10% 的目标。

（2）缅甸。2016 年，缅甸发布《缅甸能源效率与节能政策、战略和路线图》，提出至 2020 年、2025 年和 2030 年缅甸终端能源消费总量相比 2012 年分别减少 12%、16%、20%；2020 年发布的《缅甸能源展望 2040》，提出至 2030 年可再生能源占一次能源消费比重 12%的目标。

（3）泰国。2018 年，泰国发布《泰国可替代能源发展规划 2018—2037 年》提出至 2037 年泰国可再生能源占终端能源消费总量比重达 30%，可再生能源占发电总量 15%～20%的目标。

（4）柬埔寨。2022年，柬埔寨发布《国家能源效率政策》（NEEP）提出至2035年将能源需求增长速度降低20%；《2022—2040年电力发展总体规划》中也提出，远期主要开发以光伏发电和生物质能发电为主的新能源，提出当前至2040年可再生能源新增装机占全部新增装机的60%以上的目标。

（5）越南。2023年，越南最新批准的《2021—2030年阶段和至2050年远景展望国家电力发展规划》（PDP8）提出要大力发展海上风电、太阳能发电和储能，至2030年、2050年可再生能源占比目标分别为30.9%～47%和67.5%～71.5%。

澜湄五国能源行业规划情况如图2-14所示。

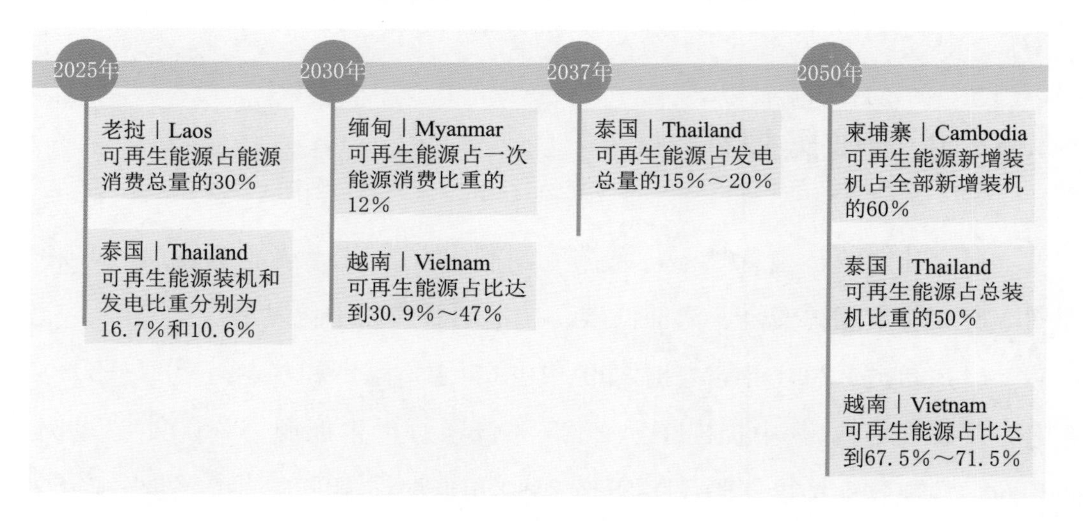

图2-14　澜湄五国能源发展规划情况

数据来源：南方电网澜湄国家能源电力合作研究中心（LMERC）

第 3 章

电力发展

创新引领 智力共享

3.1 电力供应

3.1.1 澜湄五国电力供应

电力装机总量及发电量增长动力强劲。2013—2022年，澜湄五国在旺盛的电力需求驱动下，电力装机总量保持快速增长。2022年澜湄五国电力装机总量14861万kW，同比增加5.6%，是2013年的1.92倍，2013—2021年年均增长率为7.5%；2022年发电总量5235亿kW·h，同比增加11.1%，是2013年的1.71倍，2013—2022年年均增长率6.2%。

越南和泰国电力装机总量及发电规模领先，且增幅主要在越南。2013年以来，越南和泰国电力装机总量和发电量在澜湄五国中占有较大比重，两国合计电力装机总量、发电量均长期维持在85%以上。2022年，两国电力装机总量占比分别为52.6%、33.0%，发电量占比分别为51.2%、34.5%。越南发电量年均增长率达17.9%，超过澜湄五国的平均值11.1%。2013—2022年澜湄五国电力装机总量和发电总量分别如图3-1、图3-2所示。

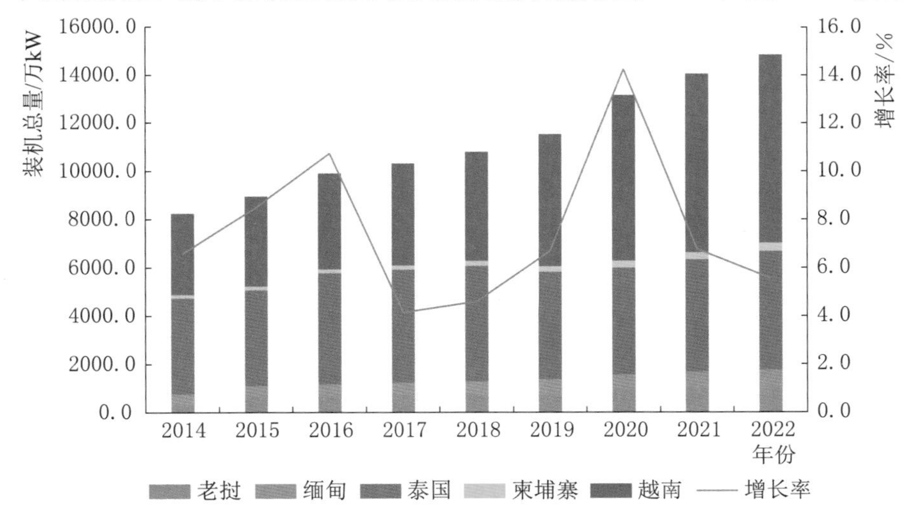

图3-1 2013—2022年澜湄五国电力装机总量

数据来源：老挝国家电力公司（EDL）、缅甸电力部（MOEP）、泰国国家电力局（EGAT）、柬埔寨电力公司（EDC）、越南电力集团（EVN）

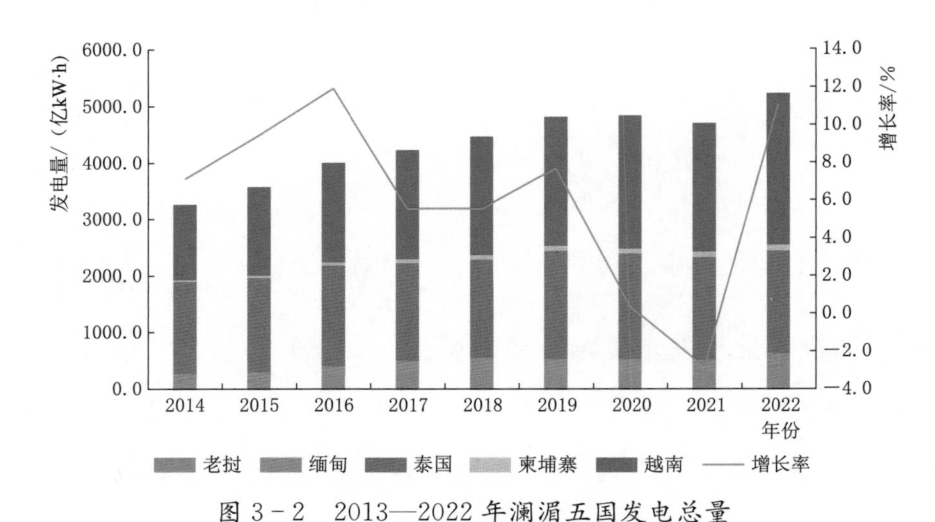

图3-2　2013—2022年澜湄五国发电总量

数据来源：老挝国家电力公司（EDL）、缅甸电力部（MOEP）、泰国国家电力局（EGAT）、柬埔寨电力公司（EDC）、越南电力集团（EVN）

电力供应向多元化发展，非水可再生能源装机和发电占比均持续上升。 2013年，澜湄五国整体电力供应以火电（含煤电、气电、油电）和水电为主。越南、泰国等国近年加速发展太阳能和风能等新能源。2022年澜湄五国非水可再生能源[1]装机占比达到22.6%，火电和水电占比分别为50.7%、26.7%；非水可再生能源的发电占比达到12.0%，火电、水电发电分别下降至59.3%、28.7%。2013年和2022年澜湄五国电力装机结构、发电结构分别如图3-3、图3-4所示。

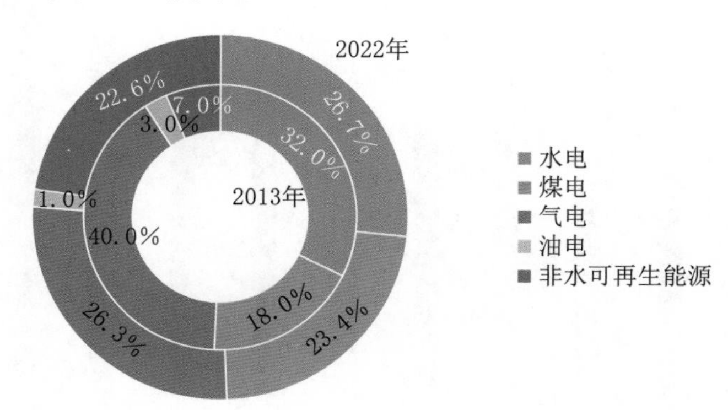

图3-3　2013年和2022年澜湄五国电力装机结构

数据来源：老挝国家电力公司（EDL）、缅甸电力部（MOEP）、泰国国家电力局（EGAT）、柬埔寨电力公司（EDC）、越南电力集团（EVN）

[1] 非水可再生能源包括太阳能、风能、生物质能等发电形式，本章下同。

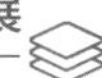

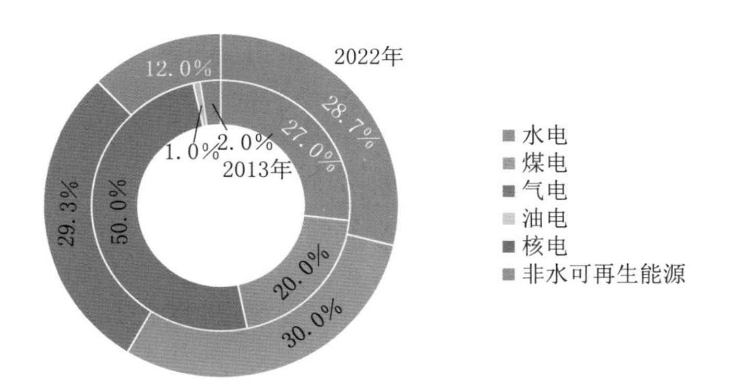

图 3-4 2013 年和 2022 年澜湄五国发电结构

数据来源：老挝国家电力公司（EDL）、缅甸电力部（MOEP）、泰国国家电力局（EGAT）、柬埔寨电力公司（EDC）、越南电力集团（EVN）

3.1.2 分国别电力供应

1. 老挝

电力装机总量和发电量保持较快增长。 2022 年老挝电力装机总量 1097 万 kW，同比增长 6.3%，是 2013 年的 3.6 倍，2013—2022 年年均增长率 15.2%；2022 年发电量 434.4 亿 kW·h，同比增长 31.9%，是 2013 年的 2.8 倍，2013—2022 年年均增长率 12.2%。2013—2022 年老挝电力装机总量及增速、发电量及增速分别如图 3-5、图 3-6 所示。

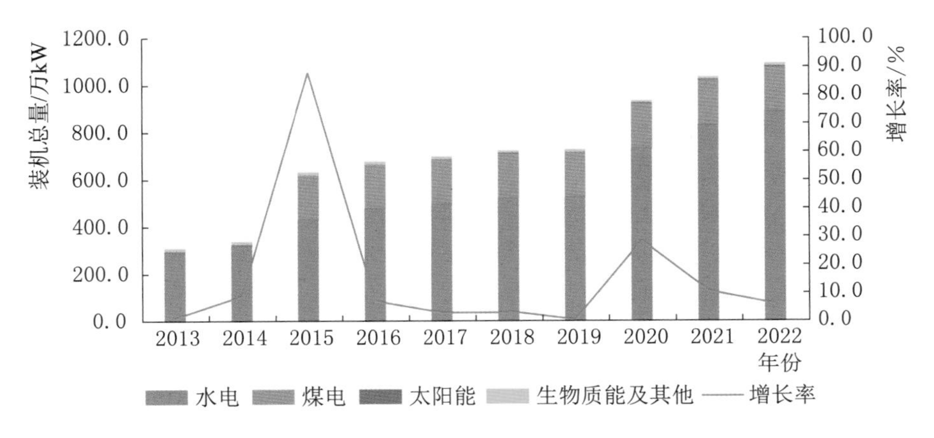

图 3-5 2013—2022 年老挝电力装机总量及增速

数据来源：老挝国家电力公司（EDL）

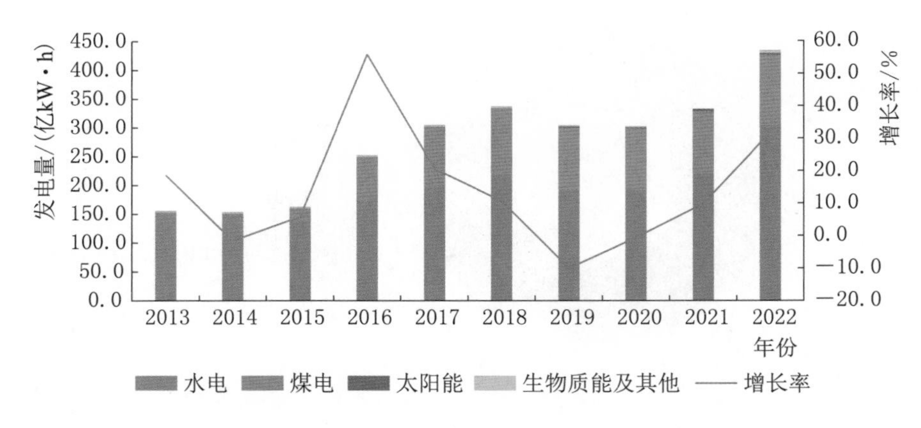

图 3－6　2013—2022 年老挝发电量及增速

数据来源：老挝国家电力公司（EDL）

全国电力装机结构以水电为主，其余类型电源支撑不足。2015 年以前，老挝电力装机几乎全部是水电。2015 年，随着 187.5 万 kW 洪沙燃煤电厂投产后，煤电装机和发电比重大幅上升。装机结构方面，2022 年水电装机占比为 81.3％，火电 17.1％，非水可再生能源（太阳能、生物质能及其他）仅 1.6％。发电结构方面，2022 年水电发电占比为 70.1％，火电 28.1％，非水可再生能源（太阳能、生物质能及其他）仅 1.8％。2013 年和 2022 年老挝电力装机结构、发电结构分别如图 3－7、图 3－8 所示。

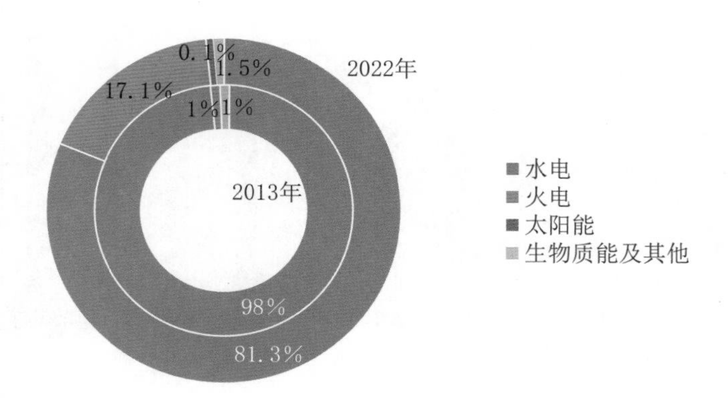

图 3－7　2013 年和 2022 年老挝电力装机结构

数据来源：老挝国家电力公司（EDL）

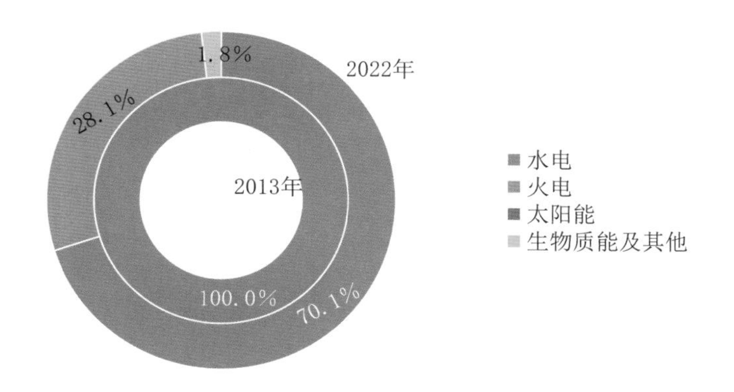

图3-8　2013年和2022年老挝发电结构

数据来源：老挝国家电力公司（EDL）

老挝留存国内电源几乎为纯水电系统。截至2022年年底，老挝留存电源482.9万kW，占全国总装机44%，其中，水电装机占比为96.1%。

2. 缅甸

电力装机总量和发电量由快速增长转趋于稳定。2022年缅甸电力装机总量684万kW，同比增长1.6%，是2013年的1.8倍，2013—2022年年均增长率6.8%。2013—2019年，缅甸电力装机总量和发电量保持快速增长，年均增长率12.9%。2020—2021年，受国内政治局势陷入混乱影响，以及国内基础设施受损、国际能源价格上涨等多重因素，电力基础设施建设推进缓慢，电源装机基本无变化，同时发电量减少，2021年发电量200.5亿kW·h，同比下降18.6%。2022年发电量有所回升，发电量215.4亿kW·h，同比增长7.4%，但仍低于2019年、2020年。2013—2022年缅甸电力装机总量及增速、发电量及增速分别如图3-9、图3-10所示。

电力供应以水电和气电为主。装机结构方面，2022年水电和气电装机比重分别为48.7%、45.3%，非水可再生能源2.7%；发电结构方面，2022年水电发电比重为42.1%，火电57.0%，非水可再生能源0.9%。2013年和2022年缅甸电源装机结构、发电结构分别如图3-11、图3-12所示。

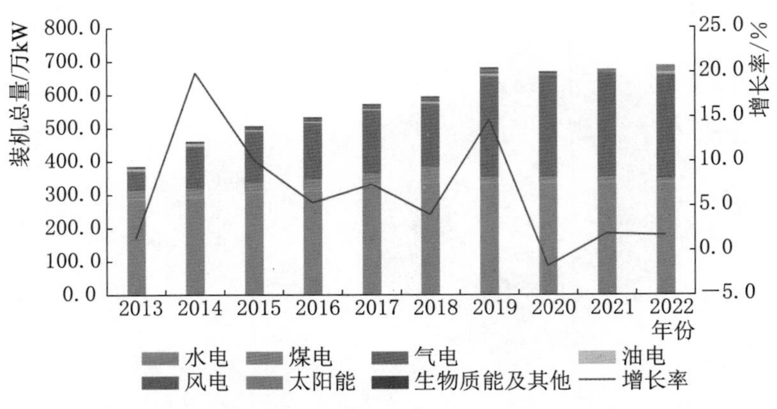

图 3-9　2013—2022 年缅甸电力装机总量及增速

数据来源：缅甸电力部（MOEP）

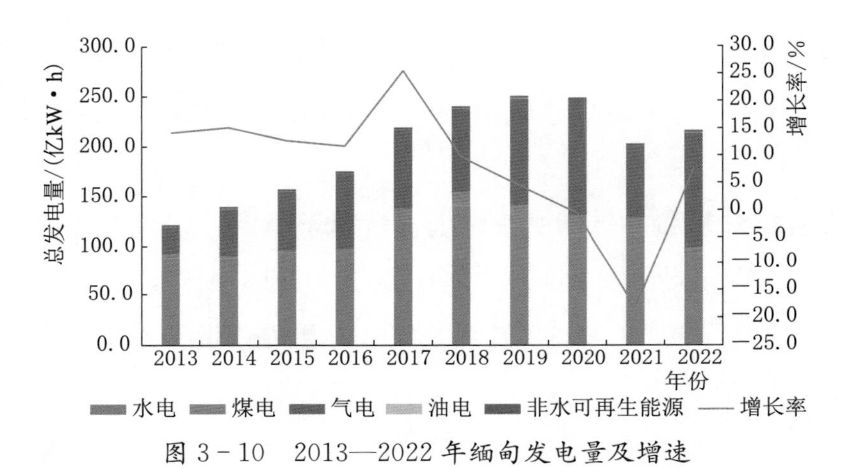

图 3-10　2013—2022 年缅甸发电量及增速

数据来源：缅甸电力部（MOEP）

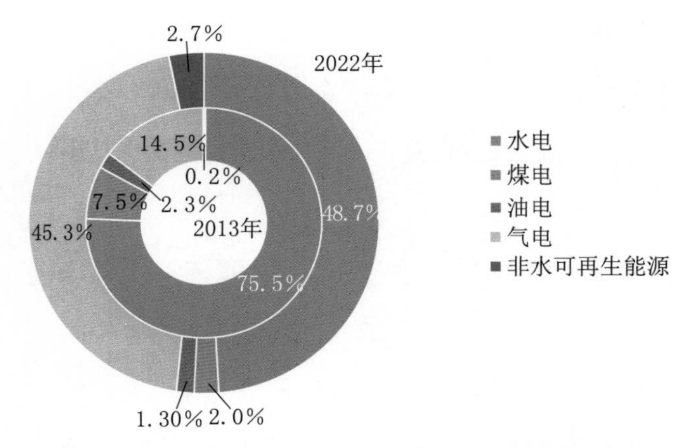

图 3-11　2013 年和 2022 年缅甸电源装机结构

数据来源：缅甸电力部（MOEP）

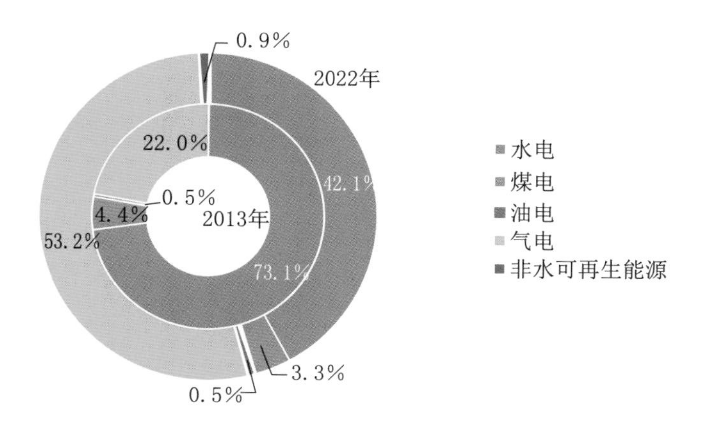

图 3-12　2013 年和 2022 年缅甸发电结构

数据来源：缅甸电力部（MOEP）

3. 泰国

电力装机总量和发电量增速低于澜湄区域其他国家。2022 年泰国电力装机总量 4910 万 kW，同比增长 5.7%，是 2013 年的 1.28 倍，2013—2022 年年均增长率 2.8%；2022 年发电量 1804 亿 kW·h，同比下降 0.4%，是 2013 年的 1.12 倍，2013—2022 年年均增长率 1.3%。2013—2022 年泰国电力装机总量及增速、发电量及增速分别如图 3-13、图 3-14 所示。

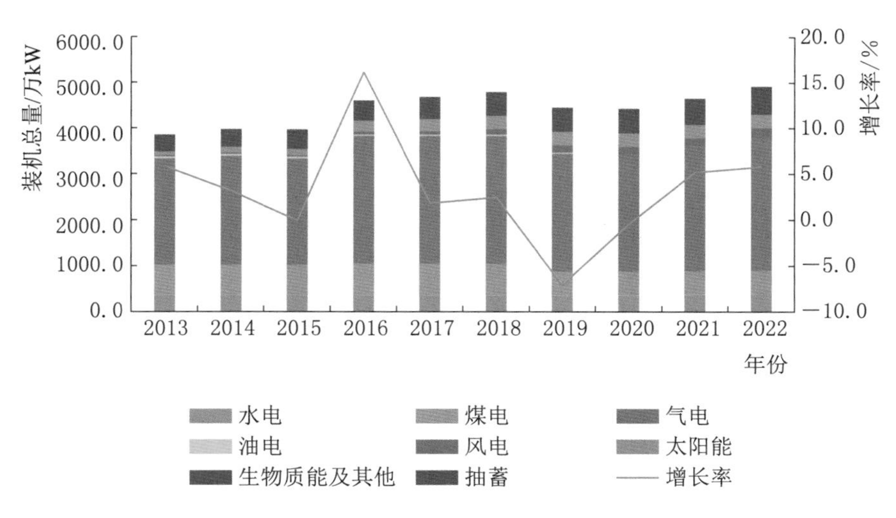

图 3-13　2013—2022 年泰国电力装机总量及增速

数据来源：泰国国家电力局（EGAT）

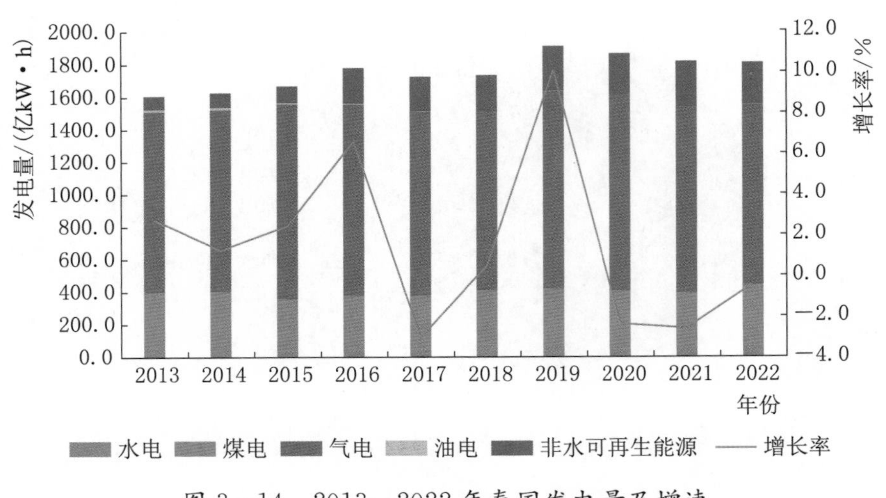

图 3-14　2013—2022 年泰国发电量及增速

数据来源：泰国国家电力局（EGAT）

电力供应形成以气电为主，煤电为辅，多种电源少量补充的格局。装机结构方面，2022 年火电（含煤电、气电、油电）和水电装机比重分别为 69.7%和 7.6%，火电中气电、煤电装机占总装机比重分别为 58.9%、10.8%，气电在火电份额中占比较大，非水可再生能源类型多，包含风电、太阳能、生物质能及其他，占比 20.7%，占比较小。发电结构方面，2022 年水电发电比重为 3.7%，火电（含煤电、气电、油电）82.1%，非水可再生能源 14.2%。2013 年和 2022 年泰国电力装机结构、发电结构分别如图 3-15、图 3-16 所示。

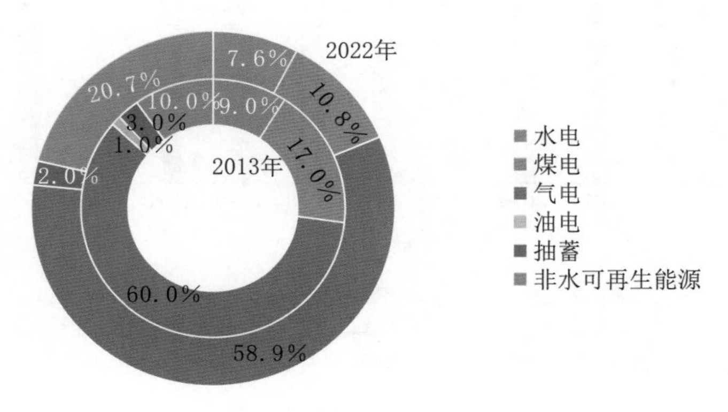

图 3-15　2013 年和 2022 年泰国电力装机结构

数据来源：泰国国家电力局（EGAT）

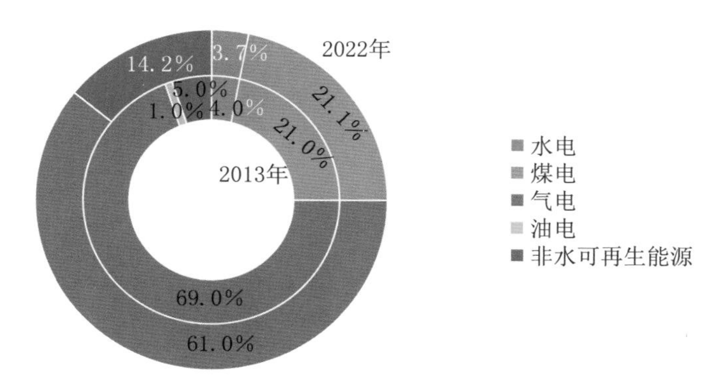

图 3 - 16　2013 年和 2022 年泰国发电结构

数据来源：泰国国家电力局（EGAT）

4. 柬埔寨

电力装机总量和发电量增长迅猛。2022 年柬埔寨电力装机总量 346.5 万 kW，同比增长 5.6%，是 2013 年的 3 倍，2013—2022 年年均增长率 13.0%。2022 年发电量 103.1 亿 kW·h，同比增长 7.1%，是 2013 年的 6 倍，2013—2022 年年均增长率 22.0%。2013—2022 年柬埔寨电力装机总量及增速、发电量及增速分别如图 3 - 17、图 3 - 18 所示。

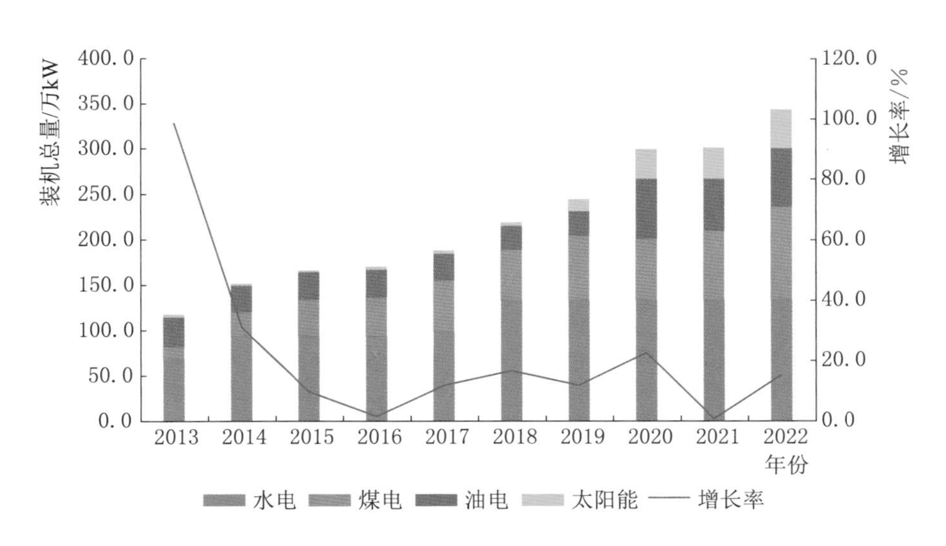

图 3 - 17　2013—2022 年柬埔寨电力装机总量及增速

数据来源：柬埔寨电力公司（EDC）

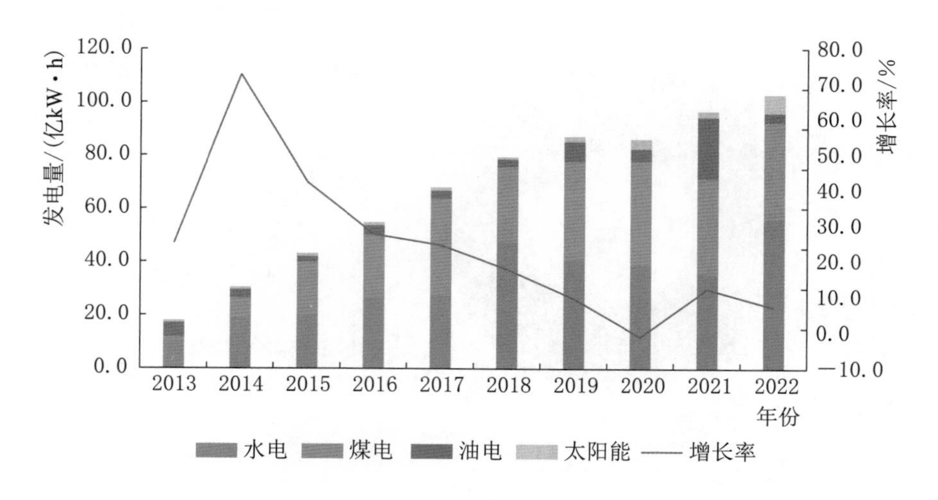

图 3-18　2013—2022 年柬埔寨发电量及增速

数据来源：柬埔寨电力公司（EDC）

电力供应以水电、煤电和油电为主，可再生能源方面太阳能占比快速增长。装机结构方面，2022 年水电和火电（含煤电、油电）装机比重分别为 38.5%和 48.1%，非水可再生能源装机 13.4%。发电结构方面，2022 年水电发电比重为 53.9%，火电（含煤电、油电）38.9%，非水可再生能源 7.2%。2013 年和 2022 年柬埔寨电力装机结构、发电结构分别如图 3-19、图 3-20 所示。

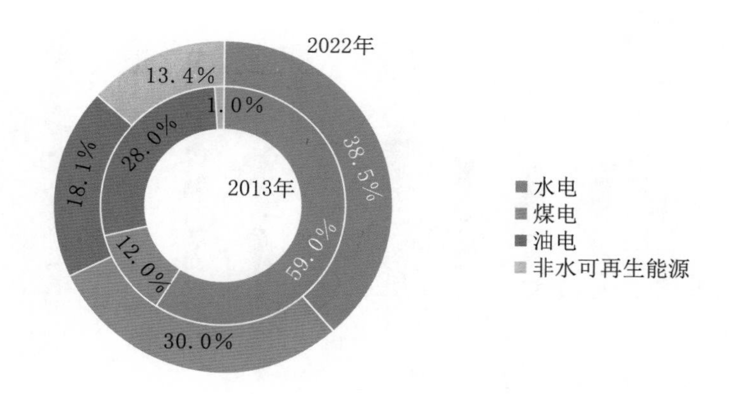

图 3-19　2013 年和 2022 年柬埔寨电力装机结构

数据来源：柬埔寨电力公司（EDC）

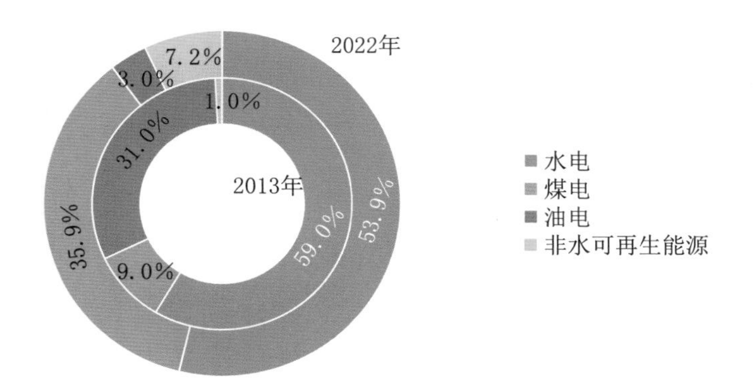

图 3-20 2013 年和 2022 年柬埔寨发电结构

数据来源：柬埔寨电力公司（EDC）

5. 越南

电力装机总量持续攀升，近三年新能源装机总量增幅明显。2022 年越南电力装机总量为 7824 万 kW，同比增长 5.4%，是 2013 年的 2.5 倍，2013—2022 年年均增长率 10.8%；2020—2021 年受需求疲软影响，发电量增长有所放缓，2022 年发电量大幅度增长，发电量 2678.5 亿 kW·h，同比增长 17.9%，是 2013 年的 2.3 倍，2013—2022 年年均增长率 9.7%。2013—2022 年越南电力装机总量及增速、发电量及增速分别如图 3-21、图 3-22 所示。

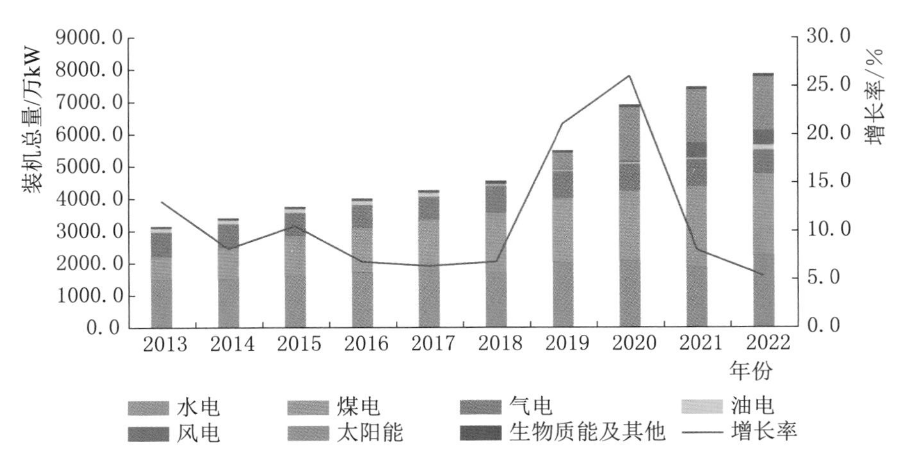

图 3-21 2013—2022 年越南电力装机总量及增速

数据来源：越南电力集团（EVN）

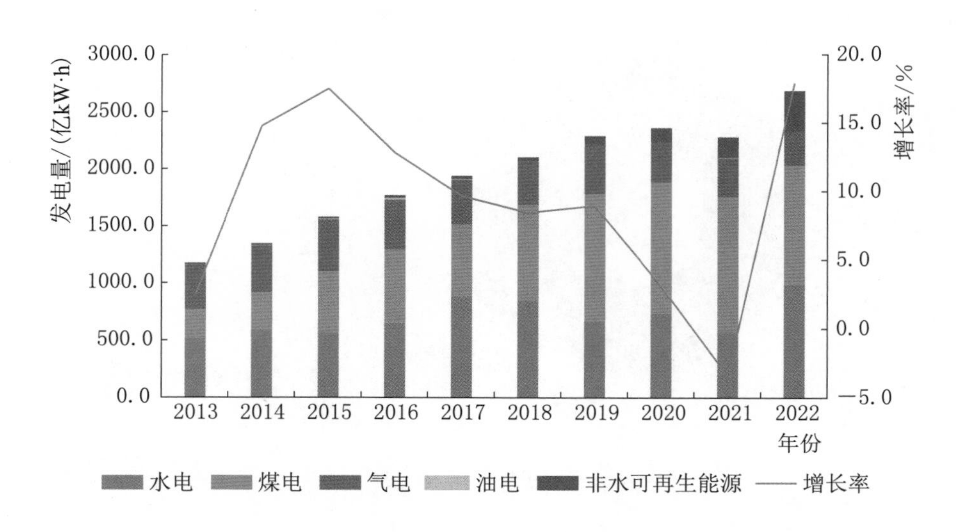

图 3－22　2013—2022 年越南发电量及增速

数据来源：越南电力集团（EVN）

电力供应近年以光伏发电为主的新能源占比快速增长，整体形成较为平衡的多元装机结构。装机结构方面，2022 年水电和火电（含煤电、气电、油电）装机比重分别为 28.6%和 44.3%，非水可再生能源 27.1%（其中光伏约占 3/4）。发电结构方面，2022 年水电发电比重为 36.8%，火电 50.0%，非水可再生能源 13.2%。2013 年和 2022 年越南装机结构、发电机构分别如图 3－23、图 3－24 所示。

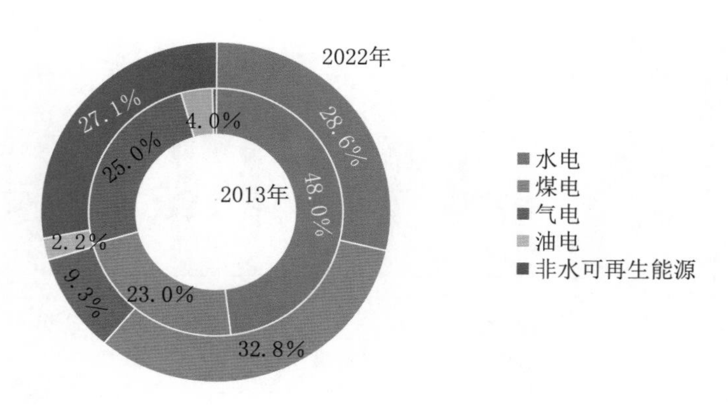

图 3－23　2013 年和 2022 年越南装机结构

数据来源：越南电力集团（EVN）

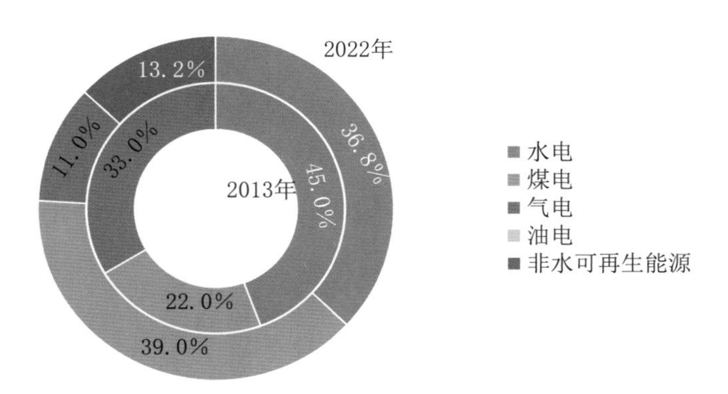

图 3-24　2013 年和 2022 年越南发电结构

数据来源：越南电力集团（EVN）

3.2　电力需求

3.2.1　澜湄五国电力需求

整体电力需求持续攀升，新冠疫情影响下仍保持韧性增长。2022 年，澜湄五国总用电量 4849 亿 kW·h，同比增长 5.7%，是 2013 年的 1.6 倍，2013—2022 年年均增长率 5.3%。尽管新冠疫情影响大幅拖累经济发展，2022 年澜湄五国整体用电需求有所复苏，所有国家都实现用电量正增长。

泰国和越南用电量占澜湄五国总和的九成以上，且越南占比持续增加。2022 年越南和泰国用电量分别占五国比重的 50.1%、40.7%，老挝、缅甸和柬埔寨三国分别为 2.3%、3.9%、3%。越南用电需求增长迅猛，泰国用电需求趋于平稳。2013—2022 年，越南用电量占比增加 12 个百分点，泰国减少 15.5 个百分点，老挝、缅甸、柬埔寨三国均有小幅增加。2013—2022 年澜湄五国用电量及增速如图 3-25 所示。

整体最大负荷保持稳定增长。2022 年，澜湄五国最大负荷总量达 8494 万 kW（不考虑同时率，下同），同比增长 6.3%，是 2013 年的 1.7 倍，2013—2022 年年均增长率 6.0%。受新冠疫情影响，澜湄五国 2020 年最大负荷负增长，2021 年、2022 年最大负荷均实现 6%以上的正增长。

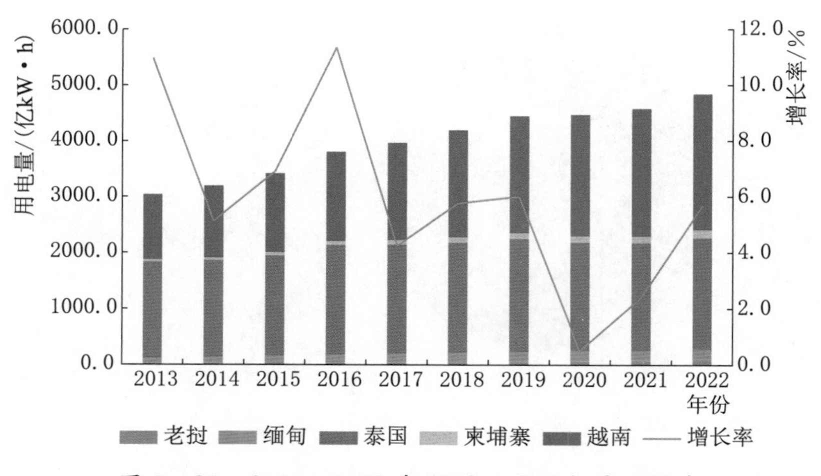

图 3-25　2013—2022 年澜湄五国用电量及增速

数据来源：老挝国家电力公司（EDL）、缅甸电力部（MOEP）、泰国国家电力局（EGAT）、柬埔寨电力公司（EDC）、越南电力集团（EVN）

越南最大负荷 2018 年以来持续占五国比重超过二分之一，且比重仍保持上升趋势。2022 年越南最大负荷占比为 53.8%，泰国占 37.9%，老挝、缅甸和柬埔寨三国合计占 8.3%。2013 年以来，越南最大负荷占比呈上升趋势，至 2022 年，越南最大负荷占比增加 14 个百分点，泰国减少 15 个百分点，老挝、柬埔寨略有增加，缅甸略有下降。2013—2022 年澜湄五国最大负荷及增速如图 3-26 所示。

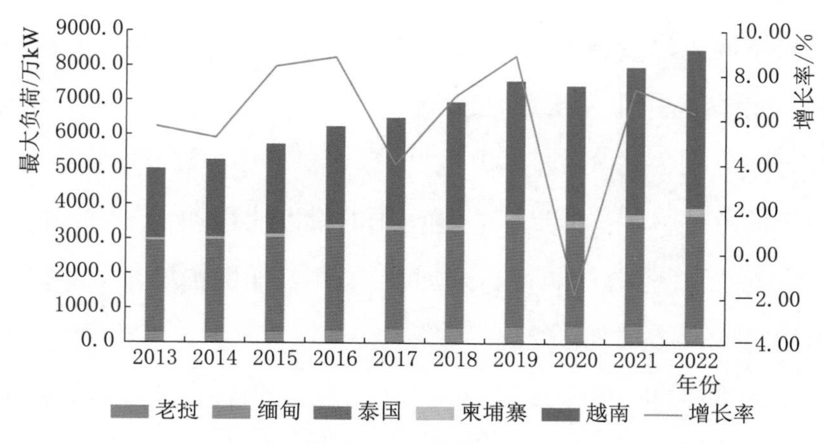

图 3-26　2013—2022 年澜湄五国最大负荷及增速

数据来源：老挝国家电力公司（EDL）、缅甸电力部（MOEP）、泰国国家电力局（EGAT）、柬埔寨电力公司（EDC）、越南电力集团（EVN）

3.2.2 分国别电力需求

1. 老挝

用电量稳定增长，第二产业用电大幅增加。2022年，老挝用电量113.6亿kW·h，同比增长23.1%，是2013年的3.4倍，2013—2022年年均增长率14.4%；第一产业、第二产业、第三产业用电量占比分别为1%、54%和17%，居民用电量占比28%。第三产业用电量和居民用电量占比下降较为明显，与2013年相比，2022年分别减少11.1个百分点和9.8个百分点，第一产业减少0.2个百分点，第二产业增加21个百分点。2013—2022年老挝用电量及增速如图3-27所示。

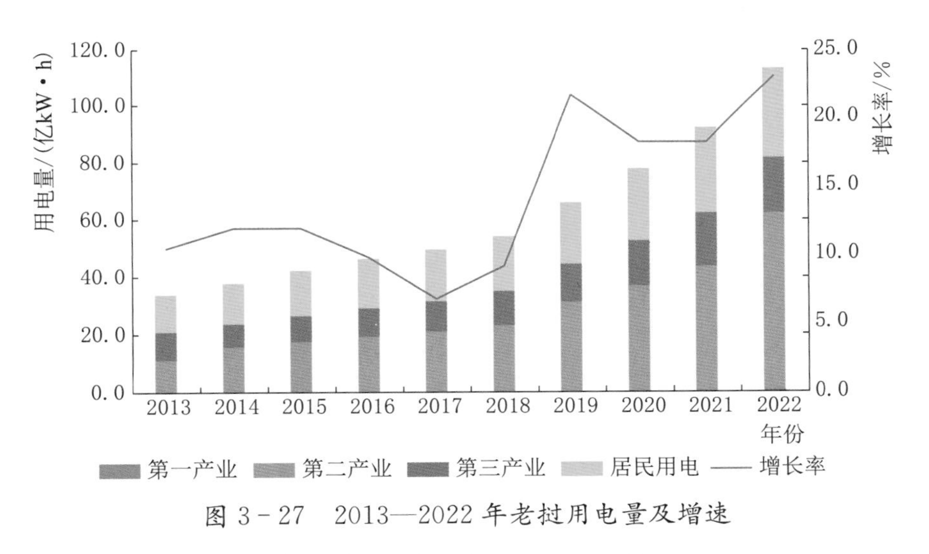

图3-27 2013—2022年老挝用电量及增速

数据来源：老挝国家电力公司（EDL）

最大负荷保持较快增长。2022年，老挝最大负荷达155万kW，同比增长3%，是2013年的2.4倍，2013—2022年年均增长率10.2%，但逐年增速有较大波动，其中2015年、2018年、2022年增速低于3%，2014年、2017年、2019—2021年增速超过10%。2013—2022年老挝最大负荷及增速如图3-28所示。

2. 缅甸

缅甸用电需求呈现先增后稳趋势，增速持续走低。2013—2018年，缅

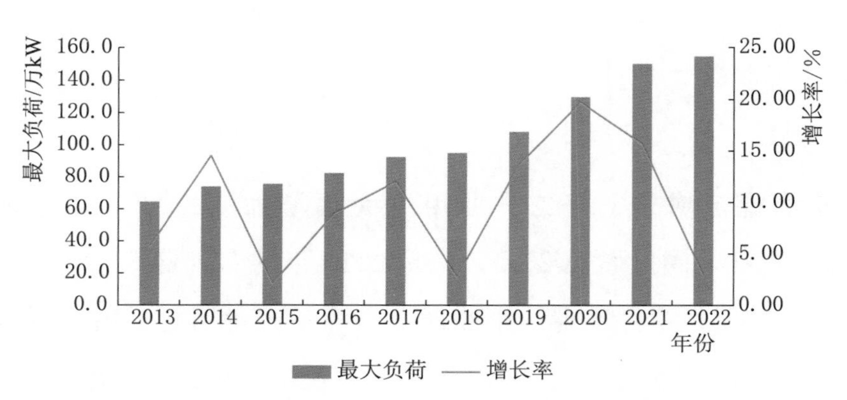

图 3－28 2013—2022 年老挝最大负荷及增速

数据来源：老挝国家电力公司（EDL）

甸用电需求年均增长率均超过 10%，2018—2020 年年均增速放缓，2021 年出现负增长，2022 年与 2021 年基本持平。近 5 年各产业用电结构变化不大。2022 年缅甸用电量达 190 亿 kW·h，同比增长 0.3%，是 2013 年的 1.9 倍，2013—2021 年年均增长率 7.6%；第一产业、第二产业、第三产业用电量占比分别为 1.2%、37.9%和 19.4%，居民用电量占比 41.5%。与 2013 年相比，第一产业、第三产业用电量占比分别减少 1.2 个百分点、12.6 个百分点，第二产业和居民用电量占比分别增加 10.5 个百分点、3.3 个百分点。2013—2022 年缅甸用电量及增速如图 3－29 所示。

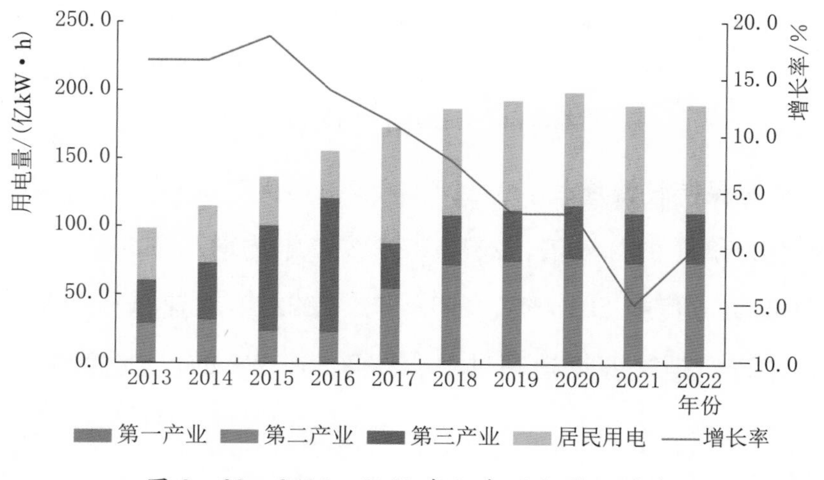

图 3－29 2013—2022 年缅甸用电量及增速

数据来源：缅甸电力部（MOEP）

最大负荷增速持续下降。2022 年缅甸最大负荷达 349.4 万 kW，同比下降 10.3%，是 2013 年的 1.5 倍，2013—2022 年年均增长率 4.3%。2013—2018 年最大负荷增速基本保持在 10%以上，但增速总体呈放缓趋势，2019—2022 年负荷增速大幅下降，2019 年即为 5.9%，2020 年和 2021 年已下降至 2%以下水平，2022 年最大负荷增速转负。2013—2022 年缅甸最大负荷及增速如图 3-30 所示。

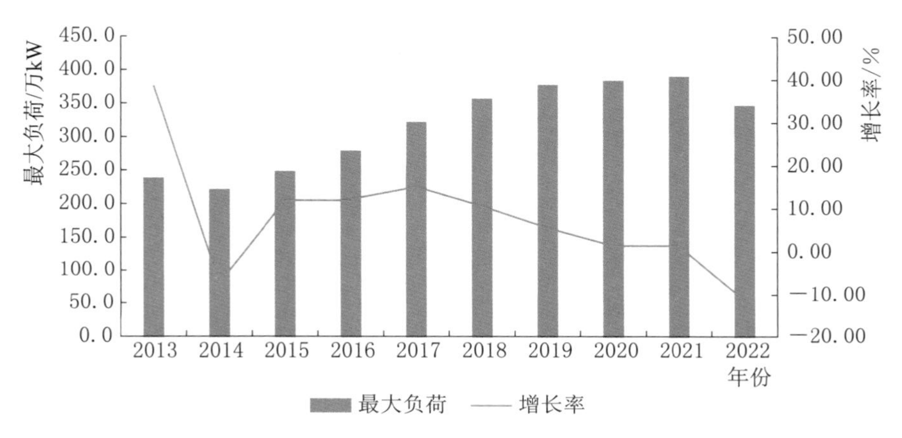

图 3-30　2013—2022 年缅甸最大负荷及增速

数据来源：缅甸电力部（MOEP）

3. 泰国

用电需求趋于平稳，第二产业用电量占比逐年增加。2022 年泰国用电量达 1972.6 亿 kW·h，同比增长 3.6%，较 2013 年增加 15.3%，2013—2022 年年均增长率 2%；第一产业、第二产业、第三产业用电量占比分别为 0.2%、46.9%、24.4%，居民用电量占比 28.5%。与 2013 年相比，第一产业用电量占比几乎不变，第二产业和居民用电量占比分别增加 6.8 个百分点和 6.4 个百分点，第三产业用电量占比减少 9.2 个百分点。泰国以旅游业和服务业为支柱产业，受新冠疫情影响巨大，2020 年和 2021 年用电需求处于低迷状态，2022 年整体用电量有所回升，但仍低于疫情前水平，同时，第三产业用电量占比进一步减小。2013—2022 年泰国用电量及增速如图 3-31 所示。

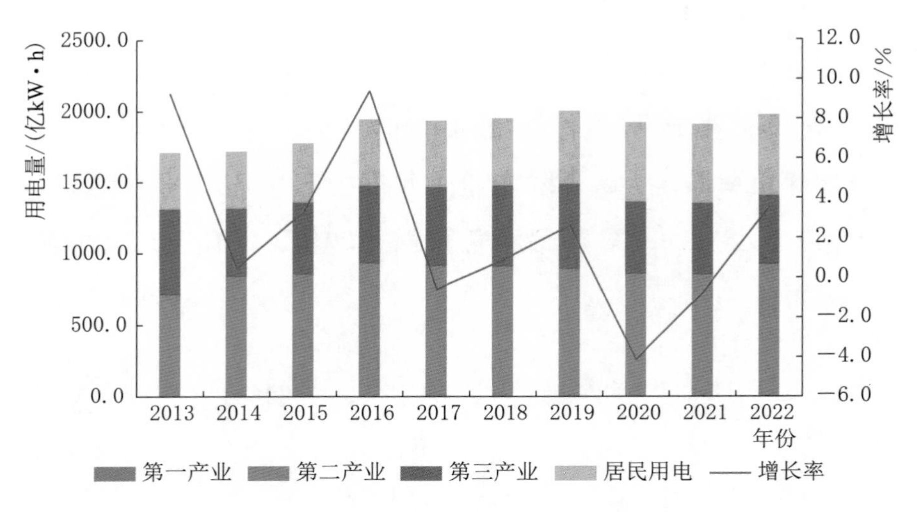

图 3-31 2013—2022 年泰国用电量及增速

数据来源：泰国国家电力局（EGAT）

最大负荷总体保持平稳或低速增长。2022 年泰国最大负荷达 3211.5 万 kW，同比增长 6.6%，较 2013 年增加 21%，2013—2022 年年均增长率 2.1%。近五年泰国最大负荷基本在 3000 万 kW 左右。受新冠疫情影响，2020 年最大负荷同比减少 7.2%，2021 年同比增长 5.2%，基本恢复至疫情前水平，2022 年最大负荷增速较快，超过疫情前水平。2013—2022 年泰国最大负荷及增速如图 3-32 所示。

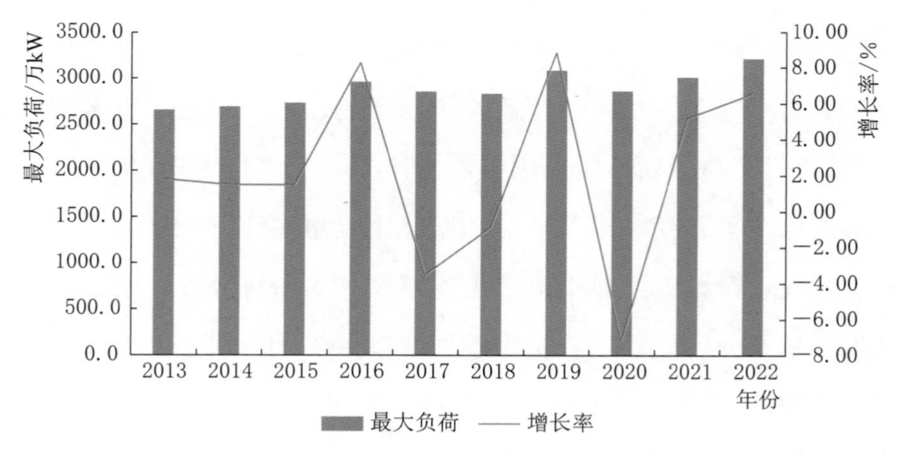

图 3-32 2013—2022 年泰国最大负荷及增速

数据来源：泰国国家电力局（EGAT）

4. 柬埔寨

用电量保持高速增长，第二产业用电量占比逐年增加。2022 年柬埔寨用电量达 145.9 亿 kW·h，同比增长 37.7%，是 2013 年的 4.1 倍，2013—2022 年年均增长率 16.8%；第一产业、第二产业、第三产业用电量占比分别为 2.5%、31.8%、32.6%，居民用电量占比 33.1%。与 2013 年相比，第一产业用电量占比降低 0.9 个百分点，第二产业用电量占比增加 6.1 个百分点，第三产业用电量占比减少 6.6 个百分点，居民用电量占比增加 1.4 个百分点。2013—2022 年柬埔寨用电量及增速如图 3-33 所示。

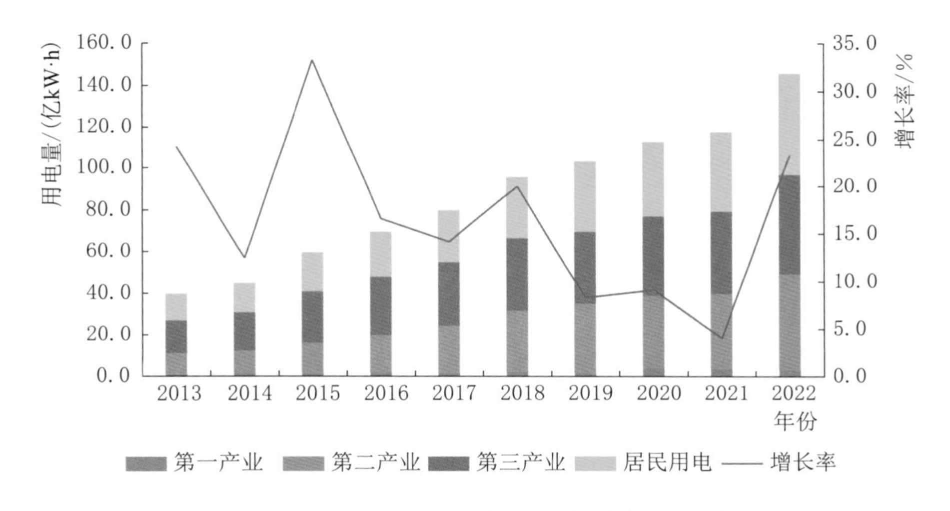

图 3-33　2013—2022 年柬埔寨用电量及增速

数据来源：柬埔寨电力公司（EDC）

最大负荷增长率反弹。2022 年柬埔寨最大负荷达 225.2 万 kW，同比增长 14.9%，是 2013 年的 3.6 倍，2013—2022 年年均增长率 15.3%。受新冠疫情影响，2020—2021 年最大负荷增速逐年持续下降，2022 年最大负荷增速反弹明显，回到疫情前水平。2013—2022 年柬埔寨最大负荷及增速如图 3-34 所示。

5. 越南

用电量持续稳定增长，第三产业用电量占比逐年增加。2022 年越南用电量达到 2427 亿 kW·h，同比增长 6.3%，是 2013 年的 2.1 倍，2013—

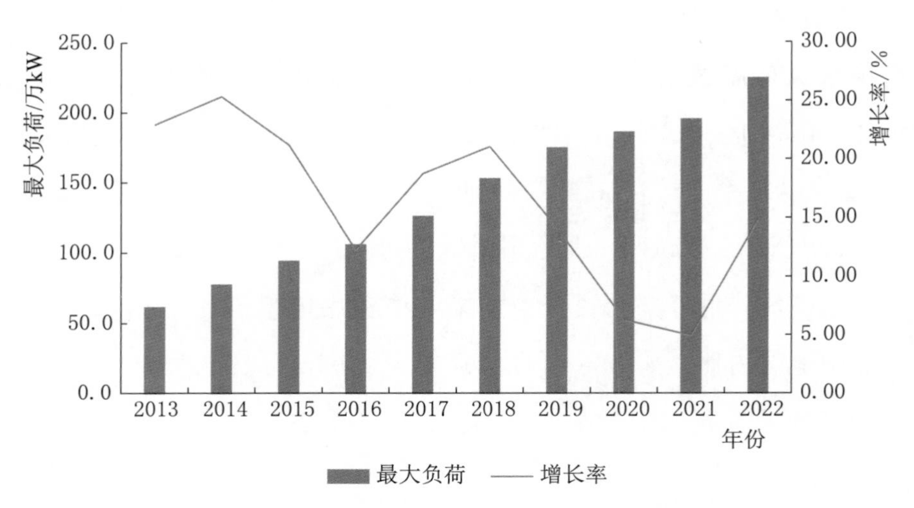

图 3-34　2013—2022 年柬埔寨最大负荷及增速

数据来源：柬埔寨电力公司（EDC）

2022 年年均增长率 8.5%；第一产业、第二产业、第三产业用电量占比分别为 2.8%、47.1%、20.5%，居民用电量占比 29.6%。与 2013 年相比，第一产业用电量占比增加 1.5 个百分点，第二产业、居民用电量占比分别减少 5.9 个百分点和 6.6 个百分点，第三产业用电量占比增加 11 个百分点。2013—2022 年越南用电量及增速如图 3-35 所示。

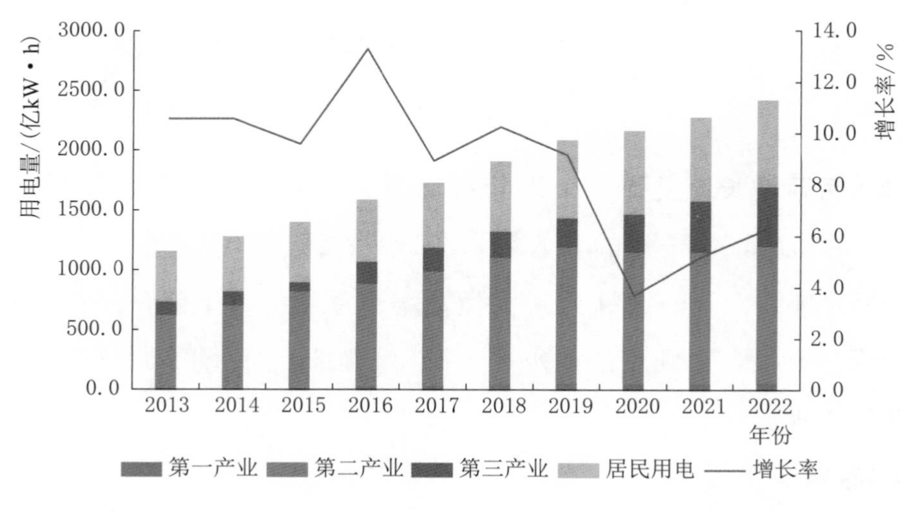

图 3-35　2013—2022 年越南用电量及增速

数据来源：越南电力集团（EVN）

最大负荷增长率基本恢复至新冠疫情前水平。2022年越南最大负荷达4553万kW，同比增长7.5%，是2013年的2.3倍，2013—2022年年均增长率9.6%。因新冠疫情影响，2020年越南最大负荷首次出现负增长，2021年、2022年随着经济复苏，越南最大负荷增长率基本恢复至疫情前的高速发展水平。2013—2022年越南最大负荷及增速如图3-36所示。

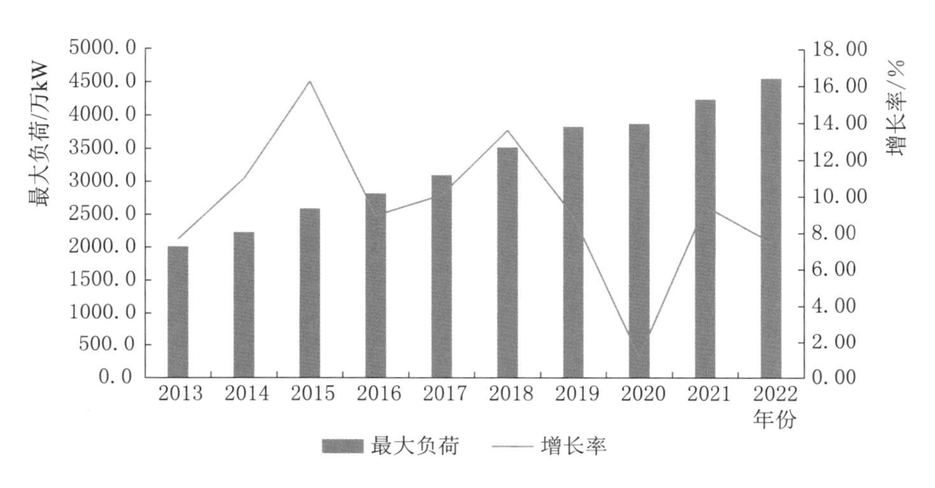

图3-36 2013—2022年越南最大负荷及增速

数据来源：越南电力集团（EVN）

3.3 电网发展

澜湄五国电网均按一定的分区运行，除缅甸外，其余各国国内分区电网间基本实现物理连接。截至2022年年底，越南、泰国、柬埔寨已有500kV电网，越南和泰国500kV网架较为成熟，建设长度均已超过6000km，柬埔寨500kV电网建设处于起步阶段。老挝、缅甸、柬埔寨国家内部主网以230kV为主（老挝500kV输电线路主要为电源点对网送泰国线路）。受新冠疫情影响，澜湄五国电力需求放缓，电网基础设施建设进度缓慢，老挝、缅甸、泰国等国家输电网建设几乎停滞，澜湄五国主网架格局近两年基本没有变化。

1. 老挝

老挝输电网分为首都区、北部、中部和南部四个供电区，主网电压等级分为230kV和115kV。受南北狭长的地理特点及山地河流、电网建设滞后多等因素影响，老挝230kV输电网以链式为主，而各区域内电网以115kV为主，电网单回路和单环结构较多，电源中心和负荷中心之间送电距离长，导致供电电能损耗大、可靠性低。截至2022年年底，老挝230kV变电站共17座，其中南部地区仅1座230kV变电站。老挝电网线损率较高，截至2020年年底，配电网线损率达到11.95%，电网升级改造亟待推进。

2. 缅甸

缅甸输电网由国家电网（主网）和偏远地区的孤立电网组成，尚未形成统一的全国电网，主网电压等级包括230kV和132kV。缅甸主网通过230kV北电南送输电通道实施送电，2010年以来，输电、配电环节网络的总体损耗率达13%～20%。截至2022年年底，缅甸230kV变电站共46座。2022年缅甸全国电力覆盖率（按户统计）不足50%。

3. 泰国

泰国输电网分为北部、中部、南部、东部和东北部五个供电区，主网电压等级包括交流500kV、230kV、132kV、115kV以及直流±300kV。截至2023年7月，泰国500kV变电站25座，500kV线路8565km；230kV变电站87座，230kV线路15465km；115kV变电站125座，115kV线路14813km。目前，已形成以中部曼谷为核心，向北部、东北部、南部、东部电网延伸的网络格局，其中东北部、南部、东部电网均基本自成双回路环网结构。

4. 柬埔寨

柬埔寨输电网分为北部、东北部、南部和西部四个供电区，主网电压等级包括230kV和115kV。截至2022年年底，柬埔寨230kV变电站和115kV变电站合计63座。500kV电网建设处于起步阶段，仅1回500kV双回输电

线建成投产，目前降压运行，全国主干网仍以 230kV 为主。全国通电率 99.1%，电网覆盖率 86.4%。

5. 越南

越南电网分为北部、中部和南部三个供电区，主网电压等级包括 500kV、220kV 和 110kV。越南输电网呈南北狭长形走向，各大分区以 500kV 骨干网互联。截至 2022 年年底，越南 500kV 变电站 38 座，220kV 变电站 197 座，形成以首都河内、胡志明市为两个中心的红河三角洲和湄公河三角洲电网，500kV 主网架总体呈“哑铃状”结构。

3.4　电力互联互通

3.4.1　互联互通线路

截至 2023 年 6 月，澜湄国家之间 110kV 及以上联网线路[1] 55 回（不含泰国至马来西亚±300kV 直流联网），其中 500kV 线路 9 回，均为电源“点对网”跨境线路，其中 8 回为老挝电源送泰国线路、1 回为缅甸电源送中国线路；230kV/220kV 线路 23 回，其中 16 回为电源“点对网”跨境线路；132kV/115kV/110kV 线路 23 回，均为网对网线路。230kV/220kV 及以上联网线路以点对网为主，各国邻边地区以 110kV 及以下线路联网为主，现有互联模式和规模尚不能较好发挥各国电力系统调节优势、电力互济能力。澜湄国家 110kV 及以上跨国电力联网情况见表 3-1。

表 3-1　澜湄国家 110kV 及以上跨国电力联网情况　单位：回

联网国家	500kV	230kV/220kV	132kV/115kV/110kV	合计
中越	0	3	4	7
中老	0	0	1	1
中缅	1	2	4	7

[1] 联网线路电压等级按照实际运行情况统计。

续表

联网国家	500kV	230kV/220kV	132kV/115kV/110kV	合计
老泰	8	6	10	24
老缅	0	0	1	1
老越	0	8	0	8
柬越	0	2	0	2
柬泰	0	0	1	1
老柬	0	2	2	4
合计	9	23	23	55

数据来源：老挝国家电力公司（EDL）、缅甸电力部（MOEP）、泰国国家电力局（EGAT）、柬埔寨电力公司（EDC）、越南电力集团（EVN）

3.4.2 电力贸易

澜湄区域电力贸易与互联互通模式强相关，近八成为老泰双边电力贸易。2022 年澜湄国家电力贸易总量为 432.6 亿 kW·h，其中老泰电力贸易占区域比重的 85%以上。老挝是澜湄国家的电力出口大国，其出口电量占区域的近九成；泰国是澜湄国家的电力进口大国，其进口电量占区域的近八成。中国进出口电量占区域比重的 8.14%，其中，电力进口占 4.4%、电力出口占 3.7%。中国与澜湄五国 2022 年电力贸易数据见表 3-2。

表 3-2　中国与澜湄五国 2022 年电力贸易数据　单位：亿 kW·h

进出口方向		出口方						
		中国	老挝	缅甸	泰国	柬埔寨	越南	合计
进口方	中国	—	0.8	18.2	—	—	—	19.0
	老挝	0.5	—	—	6.5	—	—	7.0
	缅甸	8.9	—	—	1.9	—	—	10.8
	泰国	—	362.7	—	—	—	—	362.7
	柬埔寨	—	—	—	2.6	—	—	2.6
	越南	6.8	23.7	—	—	—	—	30.5
合计		16.2	387.2	18.2	11.0	0	0	432.6

数据来源：中国南方电网有限责任公司、老挝国家电力公司（EDL）、泰国海关、柬埔寨电力公司（EDC）、越南电力集团（EVN）、缅甸电力部（MOEP）

3.5 主要电力指标

3.5.1 人均用电量

澜湄五国人均用电量保持稳定增长，但仍处于较低水平。2022年澜湄五国人均用电量为1952kW·h/人（同期世界平均水平3615kW·h/人），同比增长5.1%，是2013年的1.5倍。

澜湄五国人均用电量国别最大相差八倍。泰国和越南近年人均用电量均高于澜湄五国平均水平。2022年泰国和越南人均用电量分别为2751kW·h/人、2472kW·h/人。2013—2022年，泰国人均用电量增长缓慢，越南增长势头强劲，未来越南有赶超泰国之势。2022年老挝、缅甸、柬埔寨人均用电量分别为1509kW·h/人、351kW·h/人、870kW·h/人。2013—2022年澜湄五国人均用电量如图3-37所示。

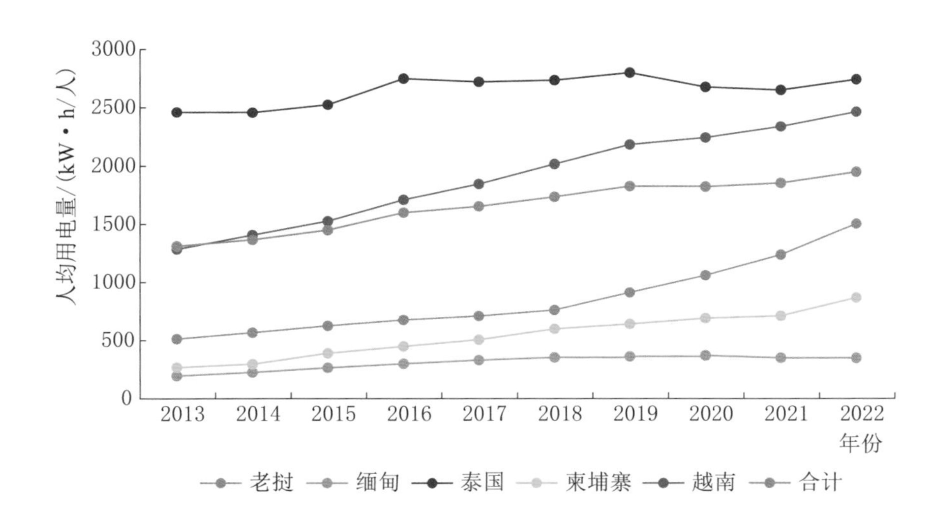

图3-37 2013—2022年澜湄五国人均用电量

数据来源：中国南方电网有限责任公司、老挝国家电力公司（EDL）、泰国海关、柬埔寨电力公司（EDC）、越南电力集团（EVN）、世界银行

3.5.2 单位国内生产总值用电量

澜湄五国单位国内生产总值（GDP）用电量总体近五年呈现波动态势，电耗水平整体偏高。2022年澜湄五国单位GDP用电量为5233kW·h/万美元（同期世界平均水平3285kW·h/万美元），同比增长0.9%，较2013年增长16.9%。

澜湄五国单位GDP用电量除泰国外均呈走高趋势，越南单位GDP用电量持续处于最高水平。2013—2022年越南单位GDP用电量在澜湄五国中一直处于最高水平，2022年越南单位GDP用电量约6762kW·h/万美元，是2013年的1.2倍；柬埔寨、老挝，近年单位GDP用电量持续攀升，2022年分别约5850kW·h/万美元、5807kW·h/万美元，分别是2013年的2.3倍、2.1倍；泰国单位GDP用电量较为稳定，2013—2022年均维持在4500kW·h/万美元左右；2013—2022年缅甸单位GDP用电量在澜湄五国中一直处于最低水平；2022年约2602kW·h/万美元，为2013年的1.5倍。2013—2022年澜湄五国单位GDP用电量如图3-38所示。

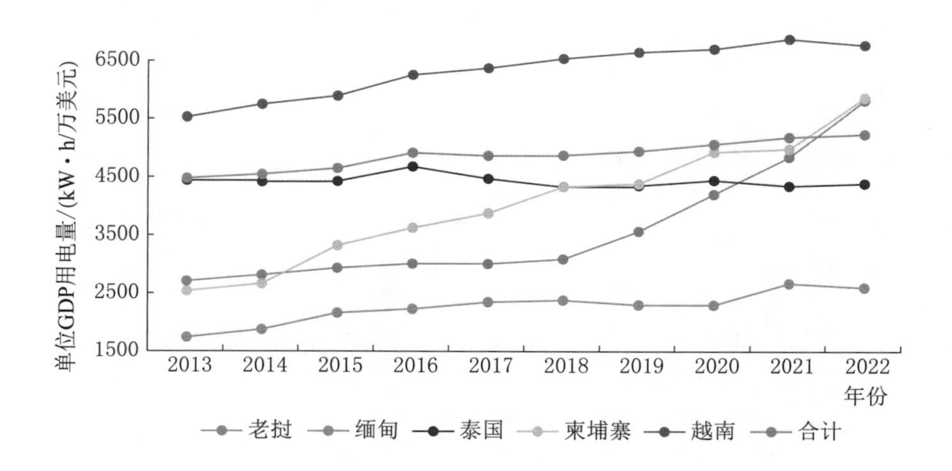

图3-38 2013—2022年澜湄五国单位GDP用电量

数据来源：中国南方电网有限责任公司、老挝国家电力公司（EDL）、泰国海关、柬埔寨电力公司（EDC）、越南电力集团（EVN）、世界银行

3.6 标准体系

3.6.1 标准管理机构

1992年10月，第24次东盟会议讨论成立了标准与质量协商委员会（ACCSQ），ACCSQ成员由东盟各个国家标准化及相关部门担任。澜湄五国标准管理机构分别为：老挝知识产权、标准化和计量局，缅甸科学技术部与技术研究司，泰国工业标准协会，柬埔寨工业标准局、越南标准与质量局。

在澜湄五国标准管理机构中，缅甸、泰国、越南标准化管理部门是国际标准化组织（ISO）的正式成员，具备投票权，老挝、柬埔寨标准管理部门为ISO注册成员，可通过缴纳少量会费参加ISO相关活动；缅甸、泰国标准化管理部门是国际电工委员会（IEC）的全权成员，具有投票权，越南标准管理部门是IEC的协作成员，可以观察员身份参加所有会议，并在其自行选择的4个技术委员会（TC）或分委员会（SC）里，享有充分的表决权。澜湄五国标准管理机构见表3-3。

表3-3　澜湄五国标准管理机构

管理机构名称	所属机构	主要职责	国际标准化组织（ISO）	国际电工委员会（IEC）
老挝标准计量司	老挝科学技术部	质量、标准、计量和检测工作	注册成员	—
缅甸研究与创新司	缅甸教育部	全国标准化工作	成员团体	全权成员
泰国工业标准协会	泰国工业部	标准制定和认证工作	成员团体	全权成员
柬埔寨标准研究院	柬埔寨矿产和能源部	标准制定和认证认可工作	注册成员	—
越南标准与质量局	越南科技部	标准、计量和质量管理	成员团体	协作成员

在澜湄五国标准编制中，老挝通过参与外部国家组织的标准化知识培训、接受资金援助、引进先进技术等方式寻找标准化发展途径；缅甸面临标准化技术和人才奇缺的处境；泰国标准大多遵从国际标准，或由多个不同标准融合而来；柬埔寨在国外合作机构的援助下，在国内开展标准化有关的培训和学术交流会议以推行标准化；越南国家标准大多等同、等效采用国际标准。澜湄五国标准编制情况见表3-4。

表3-4　澜湄五国标准编制情况

国别	编制机构	类型	性质	制定程序
老挝	国家标准委员会、中央技术委员会、地方技术委员会	产品和商品标准、服务标准、环境标准	自愿性标准和技术法规	编制草案、讨论；审议；颁布
缅甸	能源技术委员会、建筑与建设技术委员会、通信和信息技术委员会等	安全、日常生活、农产品领域	—	提议、筹备和制定草案、委员会批准草案、公开征求意见、批准、发布
泰国	泰国工业标准协会、泰国农产品和食品标准局	土木工程、建筑材料、机电工程、化学、生物类、实验室认证、中小型企业工作体系	强制性标准和自愿性标准	优先级列表、草案提议、编制草案、核准通过
柬埔寨	国家标准化机构、国家标准委员会	产品标准、工艺标准、实践标准、测试标准和服务标准	强制标准和非强制性标准	编制草案、提交讨论；公示60天；征求意见；标委会批准；职能部门签发
越南	越南标准与质量研究院	基础标准，术语标准，技术标准，测试方法标准，标识、包装、运输和储存标准	TCVN（国家标准）和TC（公司/组织标准）	获批计划、编制草案、征求意见、草案审定、发布国家标准或技术法规

3.6.2　电力行业标准体系建设

澜湄五国经济发展水平差距大、技术水平发展不平衡，合作的目标和承受能力不同。导致各国技术标准的管理发展模式不同，澜湄区域未有成体系

的技术标准，标准对接和互认方面仍还有很多机制需要突破和创新。

（1）老挝： 标准化程度不高，标准体系建设处于起步阶段，在贸易领域中主要采用中国标准、ISO 标准、IEC 标准，对中国标准的认可度较高。

（2）缅甸： 标准化程度不高，标准化处于初级阶段，经济发展存在不稳定因素，标准实施还在探索阶段，活动仅限于国家标准化机构和国家标准委员会，主要采用中国、日本、欧美标准，对中国标准认可度较高。

（3）泰国： 重视标准发展，持续提升自身在 ACCSQ 的影响力，主要有公共事务和城乡规划部门 DPT 标准，部级法规（Ministerial Regulation）标准和泰国工业标准协会 TIS 标准，遵从国际标准体系，更加认同欧美标准。

（4）越南： 不断夯实质量基础设施，强化国家标准体系建设，扶持、推动标准和技术法规的研究、应用和开发，不断增加标准的市场供给，成立了国家标准化研究机构，主要采用为国家技术法规 QCVN，越南技术委员会 TCVN，越南电网 EVN 标准，更加认可欧美标准。

（5）柬埔寨： 标准化处于初级阶段，基础设施建设不足，国内支柱型产业标准程度低，活动仅限于国家标准化机构和国家标准委员会，主要采用 ISO 标准、IEC 标准，认可欧美标准。

总体而言，澜湄五国标准化程度不高，与各国经济发展水平直接相关，老挝、缅甸、柬埔寨标准化基础薄弱，处于被动接受国际/别国标准的阶段。泰国、越南较为重视标准化工作，已经有较为完备的标准体系和技术法规，但实际实践来看，标准覆盖面仍不足，大多数标准仍以国际标准为主。

3.6.3　澜湄国家标准互认着力点

（1）优化标准化体系与管理机制。目前澜湄国家标准化体系与管理机制不完善，在能源转型背景下，清洁能源标准化体系顶层设计仍需进一步搭建和优化。在水电领域，澜湄国家标准化管理体制机制难以满足系统科学地管理水电行业技术标准的需要，水电在规划设计、设备、施工等不同标准化技术委员会分属不同管理机构，标准化技术委员会的秘书处承担单位分属不同单位，未充分发挥大型水电企业以及各类学会、协会的作用，标准供给模式单一，难以适应水电标准国际化发展的新要求。与此同时，水电标准体系在生态保护方面相关标准仍存在一定空白，将对日后推动澜湄水资源合作产生影响；在新能源领域，中国在光伏等优势产业标准制定方面在澜湄国家中有所领先，但在行业技术快速发展的时代下，技术标准的更新如何跟上技术发展的步伐，仍然存在挑战。

（2）推进电力技术标准对标及翻译。目前澜湄国家电力标准的国际通用性和认可度不足，由于各国官方语言均不同，难以全面开展电力标准的翻译工作。其中，以水利标准为例，截至2022年年底，翻译并出版了多语种涵盖筑坝技术、小水电建设、水土保持等领域46项标准，在译标准约25项，并建立了翻译专家库及审定流程体系。《水利技术标准体系表》（2021年版）收录水利标准504项，翻译占比不足10%。当前标准翻译工作主要集中在水利水电方向，尚不能满足国际化发展的要求，在未来标准互认工作中亟须突破。

（3）加强电力新技术标准研究。目前澜湄国家电力新技术标准研究推进程度有限，缺乏电力技术标准国际化领军人才及梯队，国家标准人才选拔、培养体系及制度，各国关于电力互联互通、跨境电力市场、联合调度等国际化专项研究不足，需要各国统筹推进新标准修订、新技术研究等工作。

（4）提升企业“软联通”意识。中资电力企业近年来通过BOT方式开展了大量的水电投资，并通过EPC模式开展了新能源、电网工程合作，中资企业受国内国外制约，存在“营利优先”“就项目管项目”现象，对于从战略意义角度和系统化方面开展工作考虑较为欠缺，以标准为核心的软联通建设重视程度亟须提高，推动标准互认、提升中国标准国际影响力等方面有待形成合力。

3.7 电力发展规划及最新政策

澜湄五国近期均启动或发布最新规划，均提出了中长期电力发展目标，中长期目标均体现了推进清洁能源发展。

1. 老挝

2021年12月，老挝发布《2021—2030年电力发展规划》，提出将确保老挝电力系统的可靠性和安全性放在首位，逐步实现水电、煤电、太阳能、风电等发电方式的电力供应多样化结构，扩大输配电系统，使其符合国内和出口的发电计划和电力需求。计划到2030年，水电占比77.6%，煤电占比18.9%，新能源占比3.5%；计划新建和扩建的500kV变电站5座，230kV变电站9座，115kV变电站17座；与中国、缅甸、泰国、柬埔寨、越南电力互联规模分别达到89万kV、30万kV、1076万kV、573万kV、543万kV。目前老挝已与缅甸、泰国、柬埔寨、越南、马来西亚、新加坡等国家签订多项电力互联MOU协议。

2021年，老挝发布《农村电气化总体规划》，计划2025年年底达到通电率98%的目标，到2030年实现全国户户通电的目标。

2022年，老挝积极推动能源改革，推出了新能源汽车发展目标，预计到2025年，电动汽车将占老挝汽车保有量的1%，到2030年则超过30%。该政策旨在通过减少燃油效率低的汽车进口和促进电力使用等措施，缓解老挝经济和金融困难。为了增加新能源汽车经销商的数量，老挝政府不会限制新能源汽车的进口，但进口到老挝销售的车辆必须在质量安全、售后服务和维护方面达到国际标准。老挝政府还将鼓励企业设立工厂生产新能源汽车零部件和其他配件，并在全国范围内投资建设充电站。用于新能源汽车生产和充电站的进口设备也将免税或减税。此外，根据该政策，新能源汽车的年度道路税将比同等发动机功率的汽油车低30%。老挝政府指定老挝国家电力公司（EDL）作为安装充电站的服务提供商，并指示该公司减免收取使用充电站的住宅或企业的电表费，并由 EDL 提供优先新能源汽车的停车位以及公共区域充电站。

2. 缅甸

2014年，缅甸发布《国家电力总体规划》，提出要重点发展煤电，同时强调要加强能源领域国际合作，特别是中缅间能源合作；大力推动煤电发展，使其成为仅次于水电的主力电源类型，其目标是2030年电力装机总量达到2878万kW，其中天然气发电499万kW，占装机总量的17.3%。

3. 泰国

2020年，泰国修订的《2018—2037年电力发展规划（第一次修订）》中重点强调了能源的安全性、经济性和环境三方面。泰国未来将调整发电能源的结构，提高能源效率，增加其能源安全。泰国还计划扩大和升级输电系统，大力发展智能电网技术，以此加强其输电系统的稳定性和灵活性。到2036年，泰国国有公用事业公司预计投入56亿美元建设智能电网。

其目标是到2037年，煤电装机比重减少至12%；新能源装机比重增至35%，其中，太阳能成为新能源装机的主体；气电装机比重提高至53%。

4. 柬埔寨

2022年，柬埔寨发布了《2022—2040年电力发展规划》，已批准25.39亿美元的投资预算用于2022—2025年的电源项目开发；2026—2040年，计划投资约65.5亿美元用于开发水电站、太阳能发电、电池存储系统、天然气和生物质等发电项目。电网建设投资方面，柬埔寨已批准8.16亿美元用于2022—2025年的电网建设，2026—2040年计划投资约9.8亿美元。

电源规划方面，柬埔寨计划在2022—2040年，新增电源1124.7万kW。其中，煤电166万kW，气电90万kW，水电164.5万kW，光伏发电280万kW，生物质发电17.2万kW，电池储能42万kW，进口电力365万kW。预计至2040年，柬埔寨电力装机总量将超过1500万kW。

电网规划方面，提出新增340项电网工程项目，包括新建变电站工程、

扩主变工程、输电线路工程、新增无功补偿设备等。其中大部分输变电工程和输电线路工程计划在2030年之前建设。

互联互通方面，提出至2040年将从老挝进口电力265万kW，并通过新建1回500kV柬泰联网项目，从泰国进口电力100万kW。

5. 越南

2023年5月，越南《2021—2030年阶段和至2050年远景展望国家电力发展规划》（简称“第八个电力规划”，即PDP8）正式通过审批。PDP8提出2021—2030年、2031—2050年两个阶段年均投资额分别达134.7亿美元和199.6亿～261.5亿美元；利用公正能源转型伙伴关系（JEPT）作为越南能源转型重要解决方案，以缓解越南电力集团（EVN）由于连续亏损造成的投资能力不足的问题。

电源规划方面，至2030年，总装机容量达到1.53亿kW，其中，水电2934万kW（19.2%）、煤电3012万kW（19.7%）、燃气1493万kW（9.8%）、LNG 2240万kW（14.6%）、风电2788万kW（18.2%）、太阳能2050万kW（13.4%），从国外进口电力规模分别达500万～800万kW。至2050年总装机容量达到4.79亿～5.62亿kW，从国外进口电力规模分别达1104万kW。2030年可再生能源比例达到30.9%～47%，2050年可再生能源占比达到67.5%～71.5%。为达到可再生能源发展目标，越南计划在2030年前放缓大型光伏建设、大力发展陆上风电至技术可开发容量上限，2030年后大力发展光伏、海上风电；同时为保障能源安全，2030年仍保留约900万kW新增煤电规划，2030年后停止新增煤电，2050年实现完全退煤。

电网规划方面，PDP8提出建设500kV全国骨干网络和220kV区域输电系统；新建500kV输电通道加强中部电网与南、北部互联能力，并提出土地资源有限条件下近期应合理发展区域间电网，减少跨区域远距离送电；提高输电网安全标准，在主要输电网N－1标准基础上首次提出主要负荷区域的N－2标准；纳入了综合线损率、供电可靠性等用电指标，特别提出到2030年，电网供电可靠度达到东盟前四位，电力可靠指标达到东盟前三位；继续实施农村、山区电气化，确保到2030年实现居民100%用电目标。

互联互通方面，PDP8提出继续研究通过500kV、220kV、110kV电压等级与东南亚国家（ASEAN）、大湄公河次区域（GMS）进行互联互通；通过500kV、220kV电压等级从老挝进口电力；2030年前在中越现有220kV联网线路增设背靠背换流站，实现与中国异步联网，远期规划建设中越500kV联网工程，但未具体明确进出口规划。电力贸易方面，2030年根据老越协定从老挝进口电力约500万kW，并争取合适项目扩大至800万kW，送电量188亿～300亿kW·h；2050年进口电力约1104万kW，送电量约370亿kW·h。同时提出以可再生能源为主的电力出口，预计至2030年之前出口规模达到300万～400万kW。

第 4 章

“一带一路”框架下澜湄国家能源电力合作成效

2023年是共建“一带一路”倡议提出十周年。经过十年发展，共建“一带一路”从夯基垒台、立柱架梁到落地生根、持久发展，已成为开放包容、互利互惠、合作共赢的国际合作平台和国际社会普遍欢迎的全球公共产品。

在各方共同努力下，中国、老挝、缅甸、泰国、柬埔寨、越南六国精诚合作，创造了令人瞩目的“澜湄模式”，成为共建“一带一路”的重要组成部分。目前澜湄五国都加入了“全球发展倡议之友小组”，践行共同打造高质量共建“一带一路”示范区、全球发展倡议先行区、全球安全倡议实验区，向着建设更为紧密的澜湄国家命运共同体迈进。

截至2022年年底，在能源领域，澜湄国家在政策沟通、设施联通、贸易畅通、资金融通、民心相通方面也取得瞩目成绩，同时能源绿色合作为澜湄区域绿色可持续发展提供强有力动力支持，为澜湄五国带去更多绿色，以及新能源、储能、电动汽车、数字化新技术新方法；中老铁路外部供电工程助力中老铁路释放“黄金线路”效应。澜湄国家已经形成以“以电为媒”“以绿为底”的高质量合作新局面。

4.1 政策沟通

“一带一路”倡议提出十年来，澜湄国家之间已经形成了国家层面、行业层面、企业层面多层次宽领域的能源合作机制和沟通对话平台。

4.1.1 国家层面合作机制

澜湄国家主导或参与的“一带一路”倡议引导下的国家层面能源电力领域合作机制主要包括“一带一路”能源合作伙伴关系、“一带一路”绿色发展伙伴关系以及澜沧江—湄公河合作机制中的水资源合作等。

1. “一带一路”能源合作伙伴关系

2018年10月18日，首届“一带一路”能源部长会议在中国江苏苏州召开，会议期间中国与 17 个国家共同发布《建立“一带一路”能源合作伙伴关系联合宣言》；2019 年 4 月 25 日，第二届“一带一路”国际合作高峰论坛期间，“一带一路”能源合作伙伴关系在北京正式成立。

截至 2023 年 9 月，伙伴关系成员国数量达到 33 个，目前湄公河国家中柬埔寨、老挝、泰国、缅甸四国已经加入，已举办三届“一带一路”能源合作伙伴关系论坛，发布了《“一带一路”能源合作伙伴关系合作原则与务实行动》，各成员国通过了《“一带一路”能源合作伙伴关系章程》，致力于将“一带一路”能源合作伙伴关系推动成为国际能源务实合作新的国际公共产品。“一带一路”能源合作伙伴关系推进情况如图 4－1 所示。

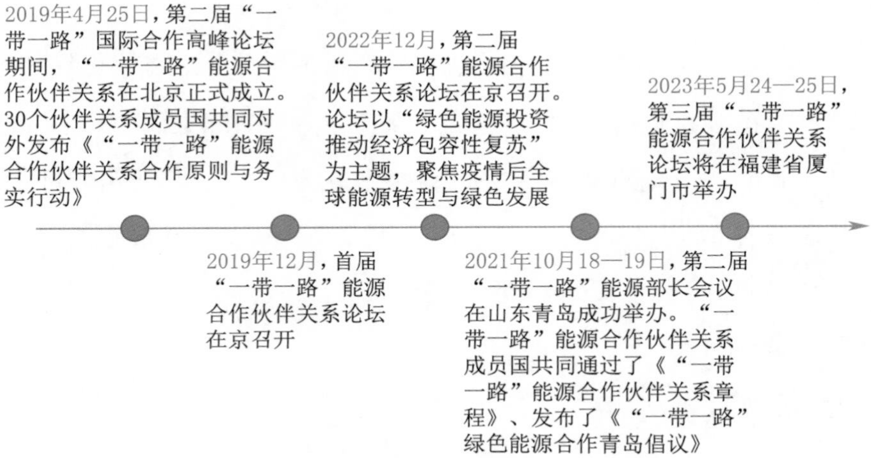

2019年4月25日，第二届“一带一路”国际合作高峰论坛期间，“一带一路”能源合作伙伴关系在北京正式成立。30个伙伴关系成员国共同对外发布《“一带一路”能源合作伙伴关系合作原则与务实行动》

2019年12月，首届“一带一路”能源合作伙伴关系论坛在京召开

2022年12月，第二届“一带一路”能源合作伙伴关系论坛在京召开。论坛以“绿色能源投资推动经济包容性复苏”为主题，聚焦疫情后全球能源转型与绿色发展

2021年10月18—19日，第二届“一带一路”能源部长会议在山东青岛成功举办。“一带一路”能源合作伙伴关系成员国共同通过了《“一带一路”能源合作伙伴关系章程》、发布了《“一带一路”绿色能源合作青岛倡议》

2023年5月24—25日，第三届“一带一路”能源合作伙伴关系论坛将在福建省厦门市举办

图 4－1　“一带一路”能源合作伙伴关系推进情况

2. “一带一路”绿色发展伙伴关系

2021 年 6 月 23 日，在“一带一路”亚太区域国际合作高级别会议期间，中国联合 28 个国家共同发起“一带一路”绿色发展伙伴关系倡议，旨在倡导相关“一带一路”伙伴国家聚焦绿色低碳发展，深化环境合作，推进清洁能源开发利用，鼓励各国和国际金融机构开发有效的绿色金融工具。

3. 澜沧江－湄公河合作机制

2014 年 11 月，时任国务院总理李克强在第 17 次中国－东盟领导人会议上提出**澜沧江－湄公河合作机制（简称“澜湄合作”机制）**。2015 年，澜湄

国家首次外长会议正式确立了澜湄合作机制。2018 年开始正式开展由中方倡议的“澜湄周”活动，加强各领域的合作与交流。

截至 2022 年年底，已举行 3 次领导人会议、7 次外长会和 9 次高官会。澜湄国家稳步实施《澜沧江-湄公河合作五年行动计划（2018—2022）》，聚焦“政治安全、经济和可持续发展、社会人文”三大支柱，围绕“互联互通、产能合作、跨境经济、水资源、农业和减贫”五大优先领域展开合作，均取得突出进展和丰硕成果。在可持续发展合作方面，六国积极实施《澜沧江-湄公河环境合作战略（2018—2022）》，落实和推进“绿色澜湄计划”，助力澜湄区域落实联合国 2030 年可持续发展议程。“绿色、低碳与可持续基础设施知识共享平台”“促进可持续生计的生态系统管理改善试点”等项目顺利启动。

澜沧江-湄公河合作机制重要合作事件如图 4－2 所示。

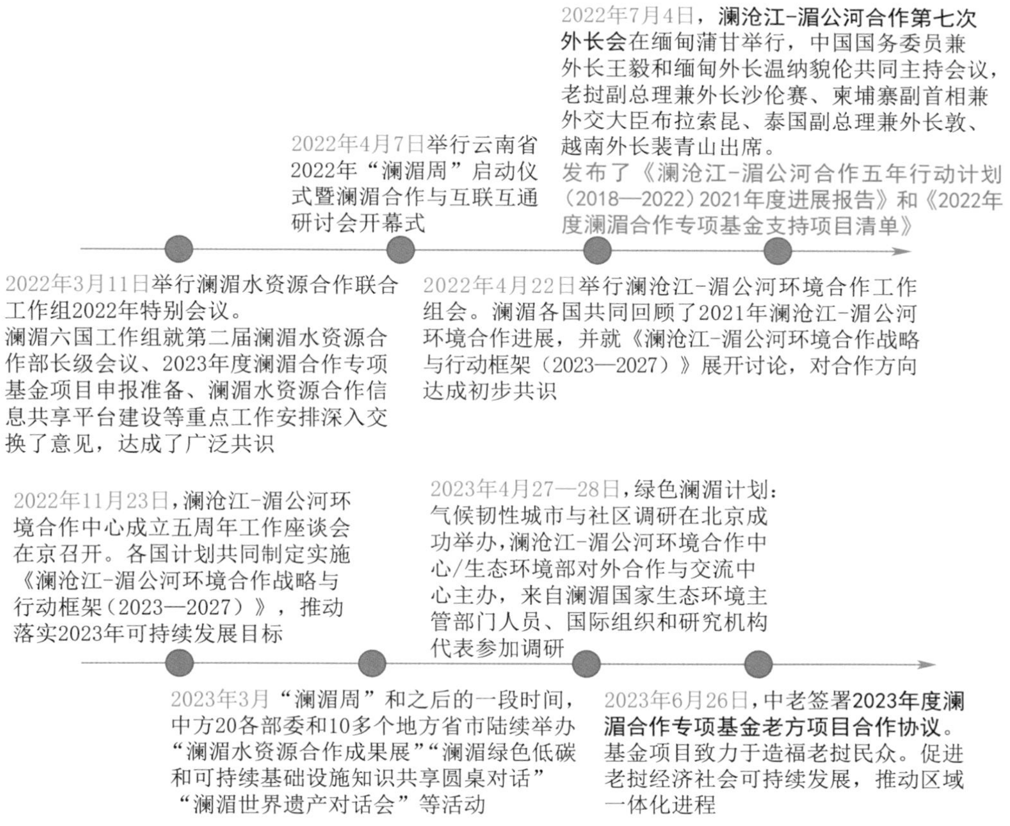

2022年3月11日举行澜湄水资源合作联合工作组2022年特别会议。
澜湄六国工作组就第二届澜湄水资源合作部长级会议、2023年度澜湄合作专项基金项目申报准备、澜湄水资源合作信息共享平台建设等重点工作安排深入交换了意见，达成了广泛共识

2022年4月7日举行云南省2022年“澜湄周”启动仪式暨澜湄合作与互联互通研讨会开幕式

2022年4月22日举行澜沧江-湄公河环境合作工作组会。澜湄各国共同回顾了2021年澜沧江-湄公河环境合作进展，并就《澜沧江-湄公河环境合作战略与行动框架（2023—2027）》展开讨论，对合作方向达成初步共识

2022年7月4日，**澜沧江-湄公河合作第七次外长会**在缅甸蒲甘举行，中国国务委员兼外长王毅和缅甸外长温纳貌伦共同主持会议，老挝副总理兼外长沙伦赛、柬埔寨副首相兼外交大臣布拉索昆、泰国副总理兼外长敦、越南外长裴青山出席。
发布了《澜沧江-湄公河合作五年行动计划（2018—2022）2021年度进展报告》和《2022年度澜湄合作专项基金支持项目清单》

2022年11月23日，澜沧江-湄公河环境合作中心成立五周年工作座谈会在京召开。各国计划共同制定实施《澜沧江-湄公河环境合作战略与行动框架（2023—2027）》，推动落实2023年可持续发展目标

2023年3月“澜湄周”和之后的一段时间，中方20各部委和10多个地方省市陆续举办“澜湄水资源合作成果展”“澜湄绿色低碳和可持续基础设施知识共享圆桌对话”“澜湄世界遗产对话会”等活动

2023年4月27—28日，绿色澜湄计划：气候韧性城市与社区调研在北京成功举办，澜沧江-湄公河环境合作中心/生态环境部对外合作与交流中心主办，来自澜湄国家生态环境主管部门人员、国际组织和研究机构代表参加调研

2023年6月26日，中老签署**2023年度澜湄合作专项基金老方项目合作协议**。基金项目致力于造福老挝民众。促进老挝经济社会可持续发展，推动区域一体化进程

图 4－2 澜沧江-湄公河合作机制重要合作事件

4.1.2 行业层面合作平台

澜湄国家主导或参与的行业层面能源电力领域合作平台主要包括“一带一路”绿色发展国际联盟、中国-东盟清洁能源能力建设计划等。另外中国也参与了大湄公河次区域经济合作机制下的大湄公河次区域能源转型工作组，持续推进澜湄国家之间的能源电力合作，“一带一路”倡议为其带来新的合作机遇。

1. “一带一路”绿色发展国际联盟

2017年5月，中国国家主席习近平在“一带一路”国际合作高峰论坛开幕式演讲中倡议，建立“一带一路”绿色发展国际联盟，为落实该倡议，中国生态环境部和国际合作伙伴共同发起并筹建联盟。联盟定位为一个开放、包容、自愿的国际合作网络，旨在推动将绿色发展理念融入“一带一路”建设，进一步凝聚国际共识，促进“一带一路”参与国家落实联合国2030年可持续发展议程。

2019年4月25日，在第二届“一带一路”国际合作高峰论坛绿色之路分论坛上，“一带一路”绿色发展国际联盟正式成立，为“一带一路”绿色发展合作打造了政策对话和沟通平台、环境知识和信息平台、绿色技术交流与转让平台。

截至2022年年底，“一带一路”绿色发展国际联盟会员共有42家机构，合作伙伴包括柬埔寨环境部、老挝自然资源与环境部、缅甸自然资源与环境保护部等26个国家环境主管部门，联合国规划署、联合国南南合作办公室、绿色气候基金等9个政府间组织，85家非政府组织和智库，32家企业。

2. 中国-东盟清洁能源能力建设计划

为推动区域互联互通，分享清洁能源政策规划和技术应用等经验，2017年2月10日，国家能源局正式发布《2017年能源工作指导意见》，提出推动实施中国-东盟清洁能源能力建设计划，让清洁能源和可持续发展经验惠及更多国家和地区，实现区域能源、经济的跨越式发展，旨在推动区域

清洁能源可持续发展，分享清洁能源发展政策规划和技术应用等经验，推进相关领域的核心人才交流建设。澜湄五国均参与了该计划。

截至2022年年底，"中国-东盟清洁能源能力建设计划"已举办交流项目，参与人员包括中国和东盟国家能源主管部门官员、东盟国家电力公司代表、中国与国际组织专家学者等，主题包括抽水蓄能电站的技术与发展、多能互补专题技术与应用、高比例可再生能源助力可持续未来——实现风电和光伏规模化发展等，签署了《关于加强中国-东盟共同的可持续发展联合声明》等文件。

3. 大湄公河次区域能源转型工作组

1992年，亚洲开发银行（ADB）发起**大湄公河次区域合作机制**，并作为机制协调人提供资金支持及技术援助，电力是其中的合作领域。在此机制下，2002年中国、泰国、缅甸、柬埔寨、老挝、越南六国共同签署了《大湄公河次区域电力贸易政府间协议》；2004年成立**大湄公河次区域电力贸易协调委员会（RPTCC）**，负责管理GMS区域电力贸易和推进电力合作，同年，南方电网作为中方的具体执行单位开始参与大湄公河次区域电力合作。

截至2022年年底，**大湄公河次区域电力贸易协调委员会（RPTCC）已举办29届工作组协调会议。在**2022年7月5—6日举办的第29届RPTCC会议中，ADB提出成立**GMS能源转型工作组（ETTF）**，以接替RPTCC相关工作，在区域电力贸易可持续发展、互联互通、可再生能源发展、绿色金融等领域开展更广泛的能源电力合作，进一步支撑GMS成员国能源转型、能源公平和能源供应能力的发展。

2023年6月，在ETTF机制下，成立两个分工作组，分别为**区域电力贸易工作组（RPTWG）**和**能效协调工作组（EEWG）**，并明确了两个小组的工作范围，提出了2023—2025年工作计划。

其中RPTWG职能与原RPTCC相同，其2023—2025年的主要工作计划包括：定期更新GMS区域能源资源规划情况，登记重点电力互联互通规划项目以推动未来双边/多边区域电力贸易；初步设计区域电力市场框架，兼容现有的电力交易模式并与GMS国家电力市场发展相融合，提出试点方案；支持GMS国家能源部门、电力公司、监管机构和其他相关机构对于区域电力市场研究的能力建设。

EEWG将由各国电力公司、能源部（政策和能源效率司）、产品测试或电器测试中心、能源效率局和电力监管机构的代表组成。每个国家将有5名成员参加EEWG工作组，包括能源部门、电力公司、海关等人员。工作组在2023—2025年的主要工作计划包括：对GMS国家电力产品市场进行评估；对接GMS国家的标准化对接、技术交流等工作。

4.1.3 技术交流合作事项

截至2022年年底，澜湄区域各国持续开展能源电力领域技术交流，助力"一带一路"高质量发展，为实现区域能源转型与碳中和目标齐心协力、同频共振。

2022年5月31日，云南省科技厅发布《关于2022年立项支持建设云南省国际联合创新平台的通知》，由南方电网云南电网有限责任公司和云南国际有限责任公司联合南方电网能源发展研究院等其他国内外10多家单位共同申报的**"云南省澜湄国家电力技术国际合作联合实验室"**项目成功立项。该实验室是南方电网16个联合实验室之一，也是南方电网首个省部级国际联合实验室，旨在积极参与"一带一路"建设，加强与东南亚国家电力公司的科技合作与技术交流。实验室近期将围绕电力技术体系差异化分析、互联仿真规划特性技术、城市级多能耦合协同控制技术、对外输出电力技术本地化应用等方面开展研究，加强互联仿真规划技术中心、创新成果对外展示中心和西双版纳边跨境分布式能源技术通用性测试基地等基地的技术支撑能力建设。中国南方电网有限责任公司与澜湄多国的共建合作协议如图4-3所示。

2023年1月10日，由中国南方电网有限责任公司倡议，柬埔寨电力公司、老挝国家电力公司共同发起的澜湄区域电力技术标准促进会（以下简称

图4-3 中国南方电网有限责任公司与澜湄多国的共建合作协议

“促进会”）正式成立。成立促进会是公司输配电部落实《国家标准化发展纲要》推动标准国内国际联动发展的重要举措，得到了国标委、中电联的高度肯定。促进会将充分发挥在澜湄区域电力合作中的桥梁和纽带作用，以标准推动澜湄区域电力产业升级，增强电力供应保障能力，促进共同研究、编制、使用促进会标准，携手提升澜湄区域电力技术和装备的标准化水平，打造澜湄区域电力技术标准合作生态圈，为南网技术标准化“走出去”打开新局面。促进会的成立标志着中国南方电网有限责任公司在国际标准化活动中的影响力稳步提升，促进会成员单位携手提升澜湄区域电力技术和装备的标准化水平，引领区域内电力装备、工程建设、电网运行、供电服务水平的全面提升，共同加强区域电力协作，推动澜湄各国实质性参与国际标准化活动，对加快中国标准和南网标准“走出去”，为“一带一路”建设贡献标准化力量具有重大意义。

4.2 设施联通

“一带一路”倡议提出十年来，澜湄国家之间已经形成了以基础设施建设为主、电网互联互通为辅的设施联通“硬”合作。

4.2.1 电网互联互通

中国与越南、老挝、缅甸三个国家接壤，在与澜湄五国对外开放战略和“一带一路”倡议的引导下，中国积极开展电网互联互通建设，**截至2023年7月，已经形成与全部三个国家的15回110kV及以上电压等级的电网互联互通，中国清洁电力资源优化配置的作用逐步凸显。**

在“一带一路”倡议的推动作用下，中国与澜湄五国之间电网互联互通工作继续推进，截至2023年7月，正在推进中的“一带一路”电网互联互通项目包括中缅230kV联网项目、中老500kV联网项目。中国与澜湄五国电网互联互通项目推进情况如图4－4所示。

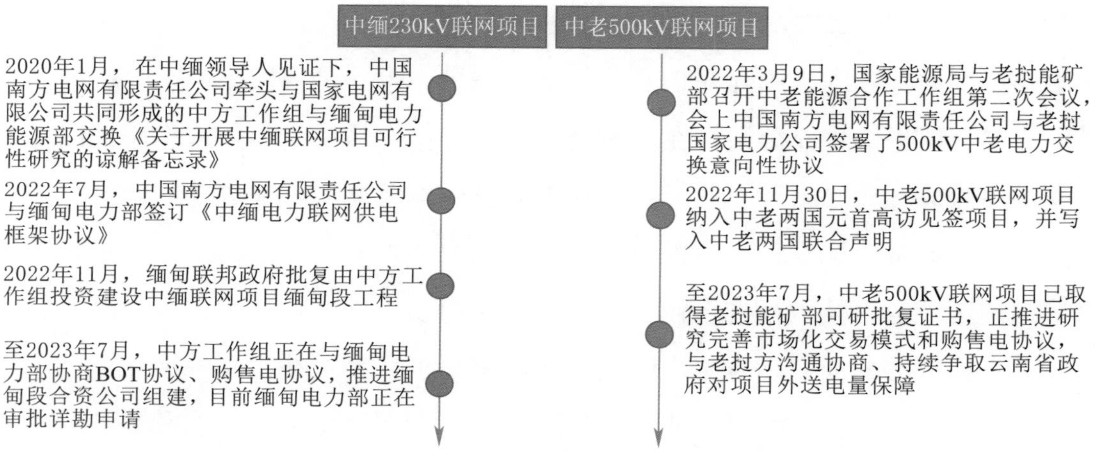

中缅230kV联网项目

2020年1月，在中缅领导人见证下，中国南方电网有限责任公司牵头与国家电网有限公司共同形成的中方工作组与缅甸电力能源部交换《关于开展中缅联网项目可行性研究的谅解备忘录》

2022年7月，中国南方电网有限责任公司与缅甸电力部签订《中缅电力联网供电框架协议》

2022年11月，缅甸联邦政府批复由中方工作组投资建设中缅联网项目缅甸段工程

至2023年7月，中方工作组正在与缅甸电力部协商BOT协议、购售电协议，推进缅甸段合资公司组建，目前缅甸电力部正在审批详勘申请

中老500kV联网项目

2022年3月9日，国家能源局与老挝能矿部召开中老能源合作工作组第二次会议，会上中国南方电网有限责任公司与老挝国家电力公司签署了500kV中老电力交换意向性协议

2022年11月30日，中老500kV联网项目纳入中老两国元首高访见签项目，并写入中老两国联合声明

至2023年7月，中老500kV联网项目已取得老挝能矿部可研批复证书，正推进研究完善市场化交易模式和购售电协议，与老挝方沟通协商、持续争取云南省政府对项目外送电量保障

图4－4 中国与澜湄五国电网互联互通项目推进情况

4.2.2 基础设施建设

“一带一路”倡议提出以来，中国与澜湄五国均开展了能源电力领域基础设施项目投资建设项目，成绩斐然，建立了紧密的合作关系，为推进区域命运共同体助力。

4.2.2.1 老挝

1. 老挝国家输电网项目

南方电网贯彻落实2017年习近平总书记访问老挝期间见证签署的《关

于建立电力战略合作伙伴关系的谅解备忘录》精神，于2018年签署了《关于开发建设老挝国家输电网可行性研究谅解备忘录》，把推动中老电力互联互通作为落实中老命运共同体行动计划的工作着力点，积极推进与老挝国家电力公司（EDL）合资组建老挝国家输电网公司（EDL－T）。通过EDL－T的组建，有助于推动中国与老挝乃至大湄公河次区域电力基础设施互联互通，加快建成覆盖老挝全国的一体化骨干输电网，有效支撑老挝经济社会发展。

2. 老挝南欧江梯级水电站项目

老挝南欧江梯级水电站项目是中国电力建设集团有限公司（以下简称“中国电建”）中国电建在海外以全流域整体规划和BOT投资开发的水电项目，也是对接老挝政府“东南亚蓄电池”战略和改善老挝北部民生的重要项目。2021年，南欧江水电开发项目127.2万kW装机全部投入运行，占老挝电网水电总装机容量892.5万kW的14.3%，已然成为老挝电网的骨干电厂，不但让老挝摆脱了拉闸限电的历史，还让老挝由电能进口国变成出口国。项目总投资约28亿美元，共包含1座Ⅰ等大（1）型和6座Ⅰ等大（2）型工程，按“一库七级”模式进行开发，年平均发电量约50亿kW·h。该项目是老挝电力工业重要发展项目，具有重要的战略意义，为当地社会经济的高速发展提供源源不断的优质绿色清洁能源，助力老挝实现“东南亚蓄电池战略”。

3. 老挝南塔河水电站项目

2014年11月，老挝南塔河1号水电站开工建设，项目位于老挝博胶省，电力装机容量3×5.6万kW，由中国南方电网有限责任公司与老挝国家电力公司（EDL）以BOT方式共同投资。建设过程中带动了约22亿元国内设计、装备制造、建设等产能“走出去”。项目妥善安置当地近万名民众的移民搬迁并帮助其恢复生计，不仅解决了老挝北部缺电问题，还给当地移民生活带来翻天覆地的变化。

4. 老挝孟松风电项目

2023年4月25日，老挝孟松600MW风电项目开工仪式在万象举行。

该项目位于老挝色贡和阿速坡省，是老挝首个风电项目，由中国电力建设集团有限公司承建，总投资9.5亿美元，由泰国、菲律宾、老挝等国投资商共同投资开发，预计2025年投入商业运行。

5. 中老铁路供电项目

中老铁路是中国“一带一路”倡议与老挝“变陆锁国为陆联国”战略对接项目，作为其配套的供电工程，中老铁路供电项目是老挝首个电网BOT（建设-运营-移交）项目，为中老铁路调试和运营提供电源支撑。2021年3月31日，中老铁路老挝段外部供电项目（以下简称“中老铁路供电项目”）线路工程20回输电线路全部贯通，变电工程11个扩建间隔安装调试完毕，顺利通过了由老挝能源矿产部、老挝国家电力公司及项目公司联合开展的验收，为中老铁路如期通车运行奠定了坚实的基础。

4.2.2.2 缅甸

1. 中缅油气管道项目

中缅原油管道与中缅天然气管道共同组成中缅油气管道项目。该项目由中国石油天然气集团公司和缅甸油气公司合资建设，为“一带一路”建设以及推进中国与缅甸的互联互通发挥了重要的作用。中缅天然气管道已于2013年7月建成通气；中缅原油管道已于2015年1月完工并进入试投产。中缅油气管道项目是缅甸境内重要的能源动脉，不仅带动当地基础设施建设，而且推动了管道沿线经济发展，改善了当地民生。

2. 缅甸“北电南送”主干网联通输变电项目

2017年11月10日，国家电网有限公司缅甸北克钦邦与230kV主干网联通输电工程开工仪式在瑞博变电站成功举行，标志着中缅两国电力能源领域合作又取得重大进展。项目位于缅甸实皆省，包括新建两条总长约300km的230kV输电线路、新建1座230kV变电站和扩建1座230kV变电站，设计和设备标准均采用中国标准，2020年1月竣工投产。项目的实施将加快中国-缅甸及其周边国家电力互联互通步伐，更好地服务于“中缅经济走廊”的总体规划。项目建成后，能够大幅提升缅甸北部充沛的水电外送

能力，极大缓解缅南部负荷中心电力短缺局面，加快缅甸多领域的经济发展。

3. 缅甸达吉达电站项目

达吉达电站项目由中国云南能投联合外经股份有限公司（UREC）与缅甸电力与能源部合资建设，规划容量为500MW，其中一期106MW，特许经营期30年。总承包商是中国电建集团山东电力建设第三工程有限公司。2016年5月，达吉达电站正式启动建设。2018年2月，电站全部机组正式投入商业运营，一期装机容量达106MW，可满足42000多户家庭的用电需求，预计每年将向缅甸国家电网供电至少7.2kW·h，约占仰光上网电量的20%。达吉达电站的成功建设和运营充分体现了中国企业在电力基础设施建设领域的强大实力，也标志着中缅电力与清洁能源合作取得了新进展。

4. 缅甸皎漂燃气联合循环电站项目

2022年11月11日，由中国电建集团海外投资公司投资、山东电力建设第一工程有限公司建设的缅甸皎漂燃气联合循环电站实现燃气-蒸汽联合循环并网发电。缅甸皎漂燃气电站项目是中国电建在缅甸的第一个燃气电站投资项目，装机容量约为13.5万kW，年发电量10亿kW·h。项目投运后将成为皎漂地区一个重要电源点，可显著提高该地区电力供应能力，对改善当地居民生活质量有重要社会意义。

4.2.2.3　泰国

1. 泰国东北部成品油管道项目

泰国东北部成品油管道工程项目是泰国20余年来规划的仅有两条成品油主干线之一，是泰国能源战略项目，由中国石油管道局工程公司（中国石油管道局）承建。起点位于北标府，途经5个府，终于孔敬府，管线全长342km。泰国能源部部长苏帕塔纳鹏表示，该项目对提升泰国能源安全性，改善泰国东北部地区的成品油供应状况，促进当地经济社会发展具有重要意义。项目促进了当地经济社会发展，并且有利于加强泰国和老挝、缅甸等东南亚国家的互联互通。该项目被国家开发银行列入“一带一路”专项贷款及国际业务重大项目库，也是国家开发银行牵头筹组国际银团融资支持的首个在泰能源基础设施建设项目。“一带一路”倡议提出十年来，中国石油管道局在泰国完成管道建设超过1500km，占据泰国长输管道建设总里程的60%以上，带动了当地就业。项目核心物资和主要机械设备国产化率超过70%。

2. 泰国乌汶三500kV项目

乌汶三变电站是泰国东北部500kV枢纽站，项目占地34ha，包含500kV GIS、230kV GIS、115kV GIS系统，接入了老挝巴色水电站。该项目由中国电建集团湖北工程公司设计院承建，项目于2022年2月投产移交。

4.2.2.4 柬埔寨

1. 柬埔寨上达岱水电站项目

上达岱水电站位于已建的达岱水电站上游，装机容量15万kW，由中国机械工业集团有限公司下属企业中国重型机械有限公司以BOT形式承建，于2022年开工建设。该项目是“一带一路”重要的清洁能源项目、柬埔寨绿色发展战略规划中推动能源绿色转型的重点项目，建成后每年可为当地提供约5.3亿kW•h的清洁能源，为柬埔寨社会经济发展和节能减排作出积极贡献，既增进了发展战略有效对接，深化两国产能投资、清洁能源合作，加快推进、完善柬埔寨基础设施建设，又助力柬方加快构建现代化产业体系，支持柬方发展绿色经济，实现节能减排，打造互利共赢的产业链供应链格局。

2. 金边-菩萨-马德望输变电工程、斯登沃代水电站项目

金边-菩萨-马德望输变电工程和斯登沃代水电站项目均由中国大唐集团有限公司以建设-经营-转让模式在柬埔寨投资建设，2014年3月27日两个项目正式竣工投产。柬埔寨首相洪森在投产仪式上表示，中国大唐集团有限公司“为柬埔寨既造了车又修了路”。“车”是指能满足柬埔寨中西部用电需求的斯登沃代水电站，而“路”就是指全长300km的金边-菩萨-马德望输变电工程。

4.2.2.5 越南

1. 越南永新一期燃煤电厂项目

越南永新一期燃煤电厂BOT项目（以下简称“永新项目”）是中越

两国领导人见签项目，是中国在越南的第一个电力 BOT 项目，也是目前中国企业在越南投资规模最大的项目，被越南政府视为精品工程、民心工程。项目装机容量 2×62 万 kW，总投资 17.55 亿美元，由中国南方电网有限责任公司、国家电力投资集团有限公司、越煤集团电力有限公司共同投资，特许运营期 25 年。项目高标准实现了建设“先进、可靠、绿色”示范性电厂的目标，获得了代表越南建设领域最高水平的越南国家优质工程奖和勘察设计奖，2019 年和 2020 年连续两年获得越南国家电力集团颁发的“运营优秀奖”。项目于 2015 年 7 月 18 日开工建设，2018 年 11 月 27 日比 BOT 合同工期提前 200 天全厂投入商业运行，创造了越南同类型机组最快建设纪录，也带动中国工程承包、电力装备、电力生产运营企业“走出去”。

2. 越南小中河水电站二期扩建项目

越南小中河水电站项目位于越南老街省，一期装机容量 2.2 万 kW，该项目由中国南方电网有限责任公司云南国际有限责任公司与越南电力集团下属的越南北方电力公司共同投资成立的越中电力投资有限公司（以下简称“越中公司”）开发建设，是越南第一个引进外资的水电项目，见证了中越电力合作建立的友谊和互信，被视为中资企业“走出去”开展电源绿地投资合作的典范。2019 年 12 月，中越双方股东批准越中公司投资建设小中河水电站二期扩建项目。项目于 2021 年 6 月 29 日开工建设。2022 年 4 月 8 日，中国南方电网有限责任公司与越南电力集团签署了《长期战略合作备忘录》，明确双方将通过高层沟通联络和成立联合工作组机制，在电网、电源、管理和技术等领域开展长期合作。2022 年 6 月二期扩建工程建成投运，新增装机 0.8 万 kW。

4.3 贸易畅通

“一带一路”倡议提出十年来，澜湄国家之间已经形成了多种能源互济、能源助力产业发展的协作局面，为未来区域进一步推动产供链融合发展打下良好基础。

4.3.1 一次能源贸易

“一带一路”倡议提出至今十年间，中国与澜湄五国积极开展一次能源贸易。2022年全年中国与澜湄五国一次化石能源（包括煤炭、石油、天然气）进出口贸易总额22.8亿美元，其中通过缅甸油气管道项目与缅甸开展一次化石能源进出口贸易占比最高，达到79%；与泰国、越南一次化石能源进出口贸易全年占比分别为12%、11%。2022年中国与澜湄五国一次化石能源进出口贸易情况见表4-1。

表4-1　2022年中国与澜湄五国一次化石能源进出口贸易情况

单位：万美元

国别	煤	石油	天然气	总计
老挝	793	3	—	796
缅甸	40	29633	143132	172805
泰国	936	19021	7460	27417
柬埔寨	1597	0	—	1597
越南	4166	20744	—	24910
总计	7532	69401	150592	227525

数据来源：中国海关总署

4.3.2 电力贸易

“一带一路”倡议提出至今的十年间，中国与澜湄五国持续开展电力贸易。2013—2022年年底，中国向越南、缅甸、老挝出口电量分别是161.1亿kW•h、25.4亿kW•h、8.9亿kW•h，出口电量共计195.4亿kW•h；进口电量共计157.8亿kW•h，其中绝大部分是从缅甸进口，约157亿kW•h，从老挝进口约0.8亿kW•h。2022年3月9日，国家能源局与老挝能矿部召开中老能源合作工作组第二次会议，会议上中国南方电网有限责任公司与老挝国家电力公司签署了115kV电力贸易购售电协议，6月20日，老挝南塔河水电站通过

115kV联网线路向云南送电，成功实施中老第一阶段双向电力贸易，2022年全年老挝出口中国电量超过8200万kW·h。2022年，中国重启对越送电，解决其部分电力供应紧张的问题。

4.3.3 产业园区建设

在“一带一路”倡议和澜沧江-湄公河合作机制的引导下，中国国内能源电力及其相关领域企业参与国际合作的意愿和资源匹配热情高涨，澜湄各国大力促进区域产业园区、跨境经济合作区、贸易投资等领域的合作。目前，中资企业在澜湄五国投资共建的产业园区包括中越龙江工业园区、深越合作区、中老万象赛色塔综合开发区、中缅皎漂经济特区、中泰罗勇工业园、柬埔寨西哈努克港经济特区等。我国机电、电子行业企业、太阳能设备制造企业、电动汽车及其配套设备制造企业以及其他和能源电力行业紧密相关的各类企业依托以上产业园区，推进实施各类产业产能合作和进出口贸易。

4.4 资金融通

“一带一路”倡议提出十年来，中国设立了一系列金融机制助力中国能源电力企业与澜湄五国开展“一带一路”投资合作。其中包括覆盖范围更广的丝路基金、亚洲基础设施投资银行，以及针对澜湄五国投资合作所设立的澜湄合作专项基金等。

1. 丝路基金

丝路基金有限责任公司是依照《中华人民共和国公司法》设立的中长期开发投资基金，由外汇储备、中国投资有限责任公司、国家开发银行、中国进出口银行共同出资，于2014年12月29日在北京注册成立。丝路基金秉承“开放包容、互利共赢”的理念，服务于“一带一路”建设，为中国与相关国家和地区的经贸合作、双边多边互联互通提供投融资支持，促进中国与有关国家和地区的共同发展、共同繁荣，广泛投资于东南亚、南亚、中亚、西亚北非、欧洲等“一带一路”重点国家和地区，项目涵盖基础设施、能源资源、产能合作、金融合作、可持续投资等领域。

2014 年 11 月 4 日，中共中央总书记、国家主席、中央军委主席、中央财经领导小组组长习近平主持召开中央财经领导小组第八次会议，研究丝绸之路经济带和 21 世纪海上丝绸之路（即“一带一路”）规划、发起建立亚洲基础设施投资银行和设立“丝路基金”。这是“丝路基金”首次出现在公众视野。2014 年 11 月 8 日，在北京举行的“加强互联互通伙伴关系”东道主伙伴对话会上，习近平宣布，中国将出资 400 亿美元成立丝路基金，为“一带一路”沿线国家基础设施、资源开发、产业合作和金融合作等与互联互通有关的项目提供投融资支持。2014 年 12 月 29 日，丝路基金有限责任公司在北京注册成立，并正式开始运行。在全国企业信用信息公示系统查询可见，其注册资本 6152500 万元人民币（即 100 亿美元）。2017 年 5 月 14 日，中国国家主席习近平在“一带一路”国际合作高峰论坛开幕式上宣布，中国将加大对“一带一路”建设资金支持，向丝路基金新增资金 1000 亿元人民币。截至 2022 年年底，丝路基金投资项目遍及 60 多个国家和地区，“澜湄合作”有必要充分利用“丝路基金”等金融工具，推进能源电力合作迈上新台阶。

2. 亚洲基础设施投资银行

亚洲基础设施投资银行（简称“亚投行”，AIIB）是一个政府间性质的亚洲区域多边开发机构。重点支持基础设施建设，其成立宗旨是为了促进亚洲区域的建设互联互通化和经济一体化的进程，并且加强中国及其他亚洲国家和地区的合作，是首个由中国倡议设立的多边金融机构，目前亚投行有 104 个成员国，澜湄五国均为创始成员国。能源领域基础设施建设是亚投行的主要援助领域之一，通过贷款、股权投资和提供担保等业务进行支持。

3. 澜湄合作专项基金

澜湄合作专项基金是中国于 2016 年 3 月在澜湄合作首次领导人会议上

提出设立的，提出在 5 年内提供 3 亿美元支持澜湄国家中小型合作项目。中国政府自 2017 年设立澜湄合作专项基金以来，至 2023 年 6 月已在澜湄五国支持了 779 个项目实施，为澜湄国家建立和平、繁荣和可持续发展的命运共同体作出贡献。

4.5　民心相通

“一带一路”倡议提出十年来，中国在澜湄五国开展“一带一路”项目建设的过程中注重当地国的环境保护，符合当地法律法规，同时积极履行社会责任，促进当地就业，推动当地医疗、教育等民生建设。推进“一带一路”能源电力合作过程当中，中国注重环境治理，积极实施惠民生工程。

1. 老挝

中国电建集团在开发老挝南欧江梯级水电站项目过程中为当地建设了 30 个移民新村，修建桥梁 20 余座、道路 500 多千米，极大提高当地居民生产生活水平。老挝当地政府对中国电建南欧江流域梯级水电项目给予高度评价，老挝丰沙里省省委书记兼省长坎培表示，南欧江梯级水电站项目给丰沙里省的经济社会发展注入新动能。

南方电网在实施老挝南塔河水电项目过程中耗资约 4.36 亿元完成了 11 个移民安置点的建设，解决了当地近万名民众移民搬迁问题，极大改善了当地民众的生活水平，同时开展生计恢复工作，加强移民生产技能培训，引导移民自力更生，为山区人民脱贫致富创造了条件，受到老挝政府的高度评价。建设期间项目招用老挝籍工人超过 770 名，占总用工数的 61.6%。2020 年南方电网在当地出资援建了中老友好学校，目前已通过整体验收，公司主动履行社会责任获得了当地民众的支持与认可。

2. 缅甸

中国石油天然气集团公司在中缅油气管道项目建设过程中，持续不断在缅开展社会援助，积极履行企业社会责任，使缅甸管道沿线民众的教育、医疗、供水、供电等民生得到改善。截至2023年，中国石油及中缅油气管道公司已累计在缅实施社会经济援助项目395项。援建或修缮中小学教学楼并捐赠教学设备，援建医院、医疗站并捐赠救护车及医疗设备，援建道路、桥梁、供电设施、水井、供水管道、养老院附属设施等惠及缅甸民众近200万人。

3. 柬埔寨

中国企业在水资源开发、输变电项目建设等领域的投资对于保障柬埔寨电力供应、促进可持续发展起到积极作用，促进了当地工业发展，为能源密集型行业吸引外国直接投资。此外，中国企业对柬埔寨交通部门电气化领域的投资推动了充电网络的扩大，中国制造的电动汽车和充电基础设施成为了柬埔寨在“一带一路”倡议下建设的公路上的亮丽风景线。

4. 越南

南方电网在开展越南永新一期燃煤电厂项目开发过程中坚持主动融入当地社区，支持社会公益事业，为当地教育、交通、贫困群众、疫情防控等进行捐赠。项目为当地培养了一大批技术和管理人才，运营期为当地提供长期就业岗位超过600个，让项目实实在在惠及当地民众，实现了良好的社会效益和经济效益。

第 5 章

发展展望

创新引领 智力共享

5.1　经济发展展望

2023 年，受澜湄五国劳动力市场状况和收入改善的推动，私人消费仍然是经济增长的主要内驱力，澜湄五国国内商品需求保持增长态势，但受全球经济增长和商品进出口贸易疲软影响，经济增长外驱力不足。

老挝获益于中国新冠疫情开放以及老中铁路跨境客运的开通，极大提振老挝经济发展、区域贸易和人文交流；缅甸受到政局不稳的影响，经济发展缺乏指引，未来经济态势存在不确定性；泰国经济受旅游业影响极大，中国经济恢复和新冠疫情放开带动旅游业复苏，但受限于 2023 年上半年航空产能不足未出现强势增长，在航空产能恢复后，旅游业及其相关的服务业有望大幅反弹；柬埔寨国内需求仍保持良好增长，预计经济发展稳定上升；越南承接产业转移势头向好，但由于全球贸易增长疲软导致部分进出口驱动型制造业企业经营不佳，同时由于越南北部地区缺电、房地产行业困境等因素打击了工业生产，经济增长趋势有所放缓。预计 2023 年澜湄五国的国内生产总值增长率为 3%，通货膨胀率受全球大宗商品价格宽松和货币政策收紧的影响，预计相比 2022 年大幅下降，约为 4%。

2024—2030 年，预计经济增速持续向好，有望保持过去十年的基本水平。推动澜湄地区发展的重要因素是人口结构优势和其位于主要贸易路线交会处的地理位置，在贸易协定的支持下，美国和中国预计将增加对该地区的贸易和投资，预计 2023—2030 年澜湄五国国内生产总值（GDP）年均增长率为 4.4%。2023—2030 年老挝、缅甸、泰国、柬埔寨、越南 GDP 预计年均增长率分别为 3.9%、3.2%、4.1%、5.2%、5.8%。澜湄五国 GDP 预测情况如图 5 - 1 所示。

2023—2030 年，人均 GDP 保持中高速增长，总体仍低于世界平均水平。2023—2030 年澜湄五国人均 GDP 年均增速约 4.4%，至 2030 年澜湄五国整体人均 GDP 约为 5281 美元，将仍与世界平均水平存在较大差距。其中，

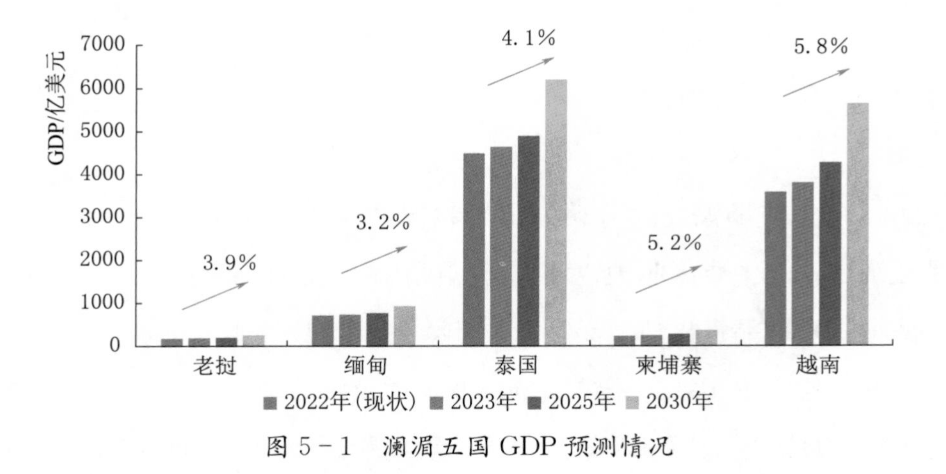

图 5-1　澜湄五国 GDP 预测情况

老挝、缅甸、泰国、柬埔寨、越南 2030 年人均 GDP 预计分别为 3530 美元、1734 美元、8658 美元、2232 美元、5739 美元。澜湄五国人人均 GDP 预测情况如图 5-2 所示。

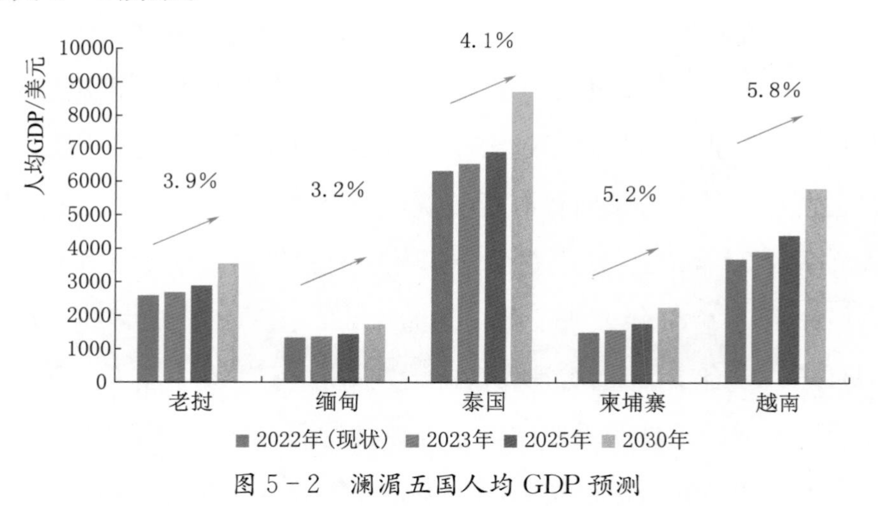

图 5-2　澜湄五国人均 GDP 预测

5.2　能源发展展望

终端能源需求将平稳增长，主要需求将来源于泰国和越南。根据国际能源署预测，到 2030 年澜湄五国终端能源消费将达到 35226 万 t 标准煤，相比 2022 年的 27813 万 t 标准煤增长约 27%，2023—2030 年年均增长率约为 3%。2030 年老挝、缅甸、泰国、柬埔寨、越南终端能源消费分别达到

781 万 t 标准煤、3476 万 t 标准煤、16848 万 t 标准煤、1446 万 t 标准煤、12675 万 t 标准煤，2023—2030 年年均增长率分别为 5.0%、2.2%、2.3%、4.0%、4.0%。澜湄五国终端能源消费预测如图 5-3 所示。

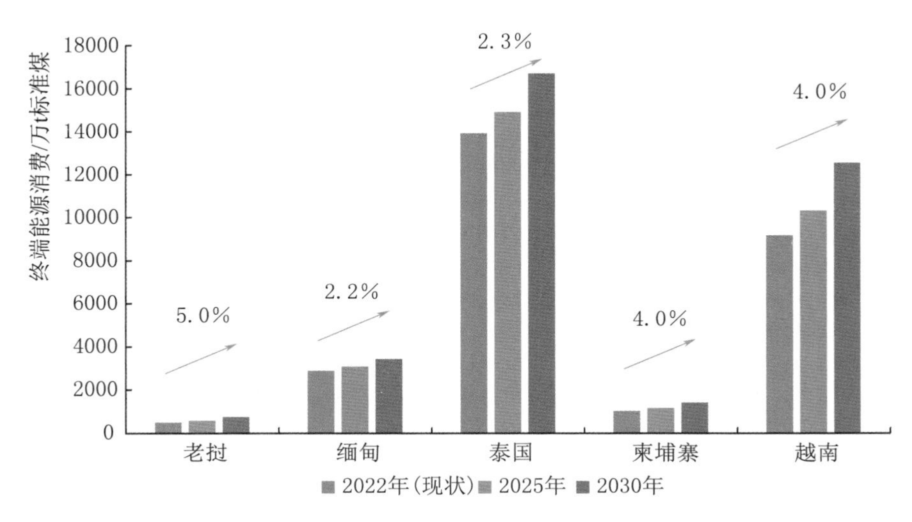

图 5-3　澜湄五国终端能源消费预测

5.3　电力发展展望

5.3.1　电力需求

2023 年各国电力需求增速预计将呈现较大差异。预计 2023 年老挝、柬埔寨、越南用电需求将保持中高速增长态势，用电量分别增加 20%、15%、9%；泰国电力需求将随着旅游业复苏有所增长，用电量预计增长率为 6%；缅甸由于政局不稳等因素影响，预计 2023 年用电量保持现状。

2024—2030 年，澜湄区域随着经济复苏带动用电需求快速稳定增长。预计 2024—2025 年，澜湄五国用电量年均增长率将超过 7%；2025—2030 年，用电量年均增长率预计将在 5.5%左右。其中，老挝经济稳步发展，预计 2024—2030 年用电量年均增长率为 12%；缅甸政局趋向稳定，预计年均用电增长率 3.7%左右；泰国用电趋于饱和，预计用电量年均增长率 3.7%左右；

柬埔寨在旅游等行业复苏等因素作用下，预计用电量年均增长率6.7%；越南受承接区域外产业转移等利好，预计用电量年均增长率达到7%左右。至2030年，老挝、缅甸、泰国、柬埔寨、越南用电量分别为317亿kW•h、241亿kW•h、2750亿kW•h、272亿kW•h、4287亿kW•h。澜湄五国用电量预测如图5－4所示。

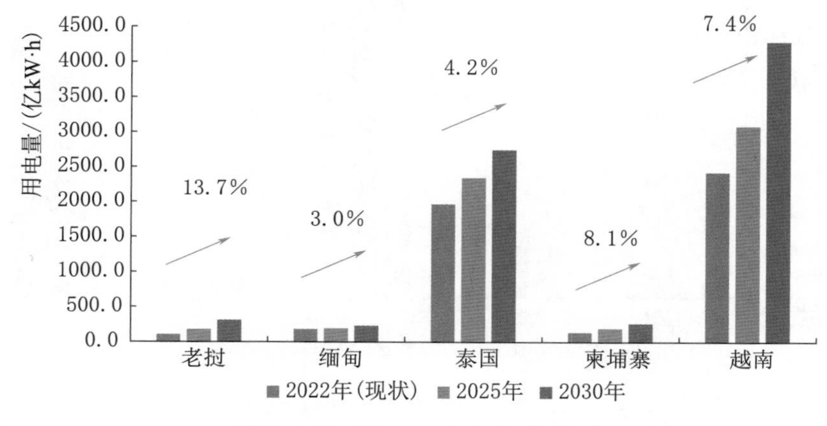

图5－4 澜湄五国用电量预测

澜湄五国电力负荷将持续保持增长态势。2023—2030年，老挝、柬埔寨、越南最大负荷预计保持高速增长，年均增长率分别为8.9%、9.4%、9.0%；缅甸、泰国最大负荷稳定增长，年均增长率分别为3.5%、4.2%。至2030年，老挝、缅甸、泰国、柬埔寨、越南最大电力负荷分别达到306万kW、460万kW、4478万kW、464万kW、9051万kW。澜湄五国最大负荷预测如图5－5所示。

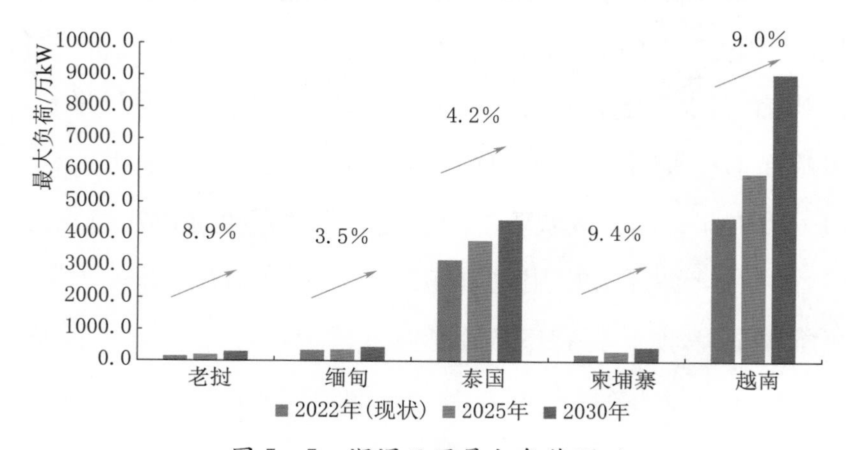

图5－5 澜湄五国最大负荷预测

5.3.2　电力供应

2023—2030年澜湄五国预计规划新增电力装机容量超过8500万kW，其中新增风电装机容量占27.6%，新增光伏装机容量占15.1%，合计达到42.7%。老挝、缅甸、泰国、柬埔寨、越南新增非水可再生能源装机容量分别占各国新增电源装机容量的60.4%、32.2%、44.2%、52.0%、40.0%。

至2030年，澜湄五国电源总装机容量约为23445万kW，其中非水可再生能源装机容量占比约29.1%，较2022年提升了7.2个百分点。但老挝、缅甸、柬埔寨规划电源开发和投产存在较大的不确定性，能源转型要求和各国政策一定程度牵制了传统火电的投资和建设，缅甸水电开发及气电发展受多方影响较大。

5.3.3　电力供需形势

澜湄国家电力供需形势趋紧，呈现互补特性。根据各国发布的电力发展规划以及综合考虑目前在建、规划电源项目的建设进展，测算澜湄五国至2030年电力供需形势，初步结果表明，越南存在较大电力缺口，是澜湄国家中主要的电力输入区域；柬埔寨存在少量电力缺口，需要从邻国进口电力；泰国由2022年有较多电力盈余的局面逐渐转为供需平衡；老挝和缅甸整体呈现“丰盈枯缺”的特性，老挝的丰枯期差异更为明显。分国别[1]具体而言：

（1）老挝。2023—2030年老挝预计在进一步开发剩余水电的同时大力发展光伏发电，国内留存电源将持续保持以水电为主的电源结构，国内电力供需将呈现“丰多枯少”的特点，预计2030年老挝丰期电力盈余将达到113万kW左右，存在一定的外送需求，枯期将存在50万～100万kW的电力缺口，需要与中国、泰国进行电力互济以满足枯期的用电需求。

（2）缅甸。考虑到影响缅甸电源发展情况的因素较为复杂，在国内水电

[1] 澜湄五国电力平衡测算时，将点对网电源电力计入接入国家电源测算。

资源开发政策有所松动，水电开发进程逐步转稳的情况下，至 2030 年电力供需形势呈现“丰盈枯缺”的特性，预计缅甸全国 2030 年丰期电力盈余 71 万 kW、枯期电力将存在约 70 万 kW 的电力缺口。若缅甸规划水电、气电的开发仍然停滞，预计丰枯期均将存在较大的电力缺口。

(3) 泰国。2023—2030 年泰国电源结构将依然以气电为主，同时大力发展太阳能发电，老挝的点对网电源也将为泰国提供较为稳定的电力保障，随着电力需求的增长和能源转型的进程，预计至 2030 年泰国电力盈余将有所减少，丰、枯期电力盈余将在 40 万～50 万 kW，远期电力供需将进一步紧张，可能逐步面临缺电局面。

(4) 柬埔寨。2023—2030 年柬埔寨电力需求增长迅猛，受限于电力资源开发条件，柬埔寨电力供需将长期处于紧张状态，预计 2030 年柬埔寨丰期缺口约为 78 万 kW，枯期电力缺口约 127 万 kW。

(5) 越南。2023—2030 年，根据越南《2021—2030 年阶段和至 2050 年远景展望国家电力发展规划》（简称“第八个电力规划”，即 PDP8），越南将大力发展可再生能源，但随着电力需求不断扩大，2030 年丰、枯期电力缺口将进一步加大，分别达到 546 万 kW、727 万 kW。

澜湄国家可利用已有和规划互联互通通道实现电力互济，同时有必要进一步提升澜湄区域清洁电力资源配置水平。2023—2030 年澜湄区域将进一步加强中缅、中老、中越、老泰、老越、老柬联网，同时依托老挝本国输电网升级改造，进一步实现老挝清洁能源资源的优化配置，从而打通以老挝为地理位置中心、以老挝输电网为电力枢纽中心的区域电网格局。

5.4 澜湄国家电力合作建议

澜湄国家山水相连，能源电力作为与经济发展、国家安全密切相关的重要领域之一，因此，在推进能源电力合作时既要满足各国经济发展和社会发展的需要，也要以保障本国和区域能源电力安全为基础。建议要重点围绕交

流合作机制搭建、电力基础设施互联互通建设、绿色能源统筹规划与开发、电力技术创新合作、区域共同能源电力市场建设、绿色低碳产业和金融合作、知识共享等方面持续做好“五通”建设，助力澜湄区域合作迈向更高水平。

1．加强政策沟通，持续升级澜湄区域绿色对话合作机制

以绿色赋能澜湄区域合作，在澜湄合作机制框架下，依托GMS能源转型工作组（ETTF）、中国-东盟清洁能源能力建设计划、澜湄国家电力企业高峰会机制等现有合作机制，建立以澜湄国家为主导的清洁能源环境工作组，发挥清洁能源的纽带作用，更好地深化多边、双边合作机制，将能源与环境议题融合，推动跨产业跨行业联动，支撑区域内能源企业、环境单位、绿色产业、金融机构、智库高校等在同一个绿色电力发展命题下的融合交汇，共同推动澜湄区域能源绿色合作和可持续发展。

2．推动设施联通，提升区域电力互联互通整体水平

发挥电力规划的战略引领作用，强化澜湄区域内各国之间、澜湄区域整体、澜湄区域与东盟其他地区的绿色发展战略规划对接。高质量推进中国与澜湄五国电力互联互通项目，促进中国与澜湄五国互联互通战略融合，逐步延伸更多“中老＋”“澜湄＋”等绿色电力新走廊，共同发挥澜湄地区陆上中心枢纽核心功能。持续升级澜湄标准促进会和澜湄跨境电力调度联合工作小组功能，以高质量技术体系支撑高质量电力基础设施互联互通。进一步发挥中资企业产业链和技术优势，推动澜湄地区新能源、储能以及新型电力系统项目开发建设，助力区域能源转型。以互联互通为纽带，带动绿色低碳园区和绿色大型合作项目的“点”“线”“面”结合，打开澜湄电力绿色合作新局面。

3．强化贸易畅通，创新澜湄国家跨境电力贸易机制

以双边电力贸易机制为基础，分阶段推动建立区域性监管组织和交易组织，逐步推广形成区域性质的电力市场。尽快重启区域电力贸易协调机构（RPCC）建设进程。建设澜湄区域共同电力市场标准体系，通过各方公认

的规则和程序，包含共同市场的发展规划、行为准则、交易规则、市场标准等，降低跨境电力贸易的障碍。提高澜湄区域跨境交易的灵活性和交易效率，探索具有弹性的跨境市场，推动各国更加充分利用跨境线路进行电力互济，服务区域各国的电力发展、能源转型和能源安全，实现共建、共享、共赢局面。

4. 深化资金融通，建立区域电力可持续发展相匹配的绿色金融支持体系

加大绿色金融产品和服务的创新，结合澜湄区域绿色项目的融资需求特点设计配套产品、提供专业的绿色金融服务，鼓励更多参与方共同经营绿色产业发展。强化绿色投资导向，联合区域内政策、金融、管理、技术资源，依托互济友好互信关系，积极推进生物质、光伏、风电等新能源开发和利用，带动区域产业链发展，为项目所在地创收、提供优质就业机会，共同推进区域协调共赢发展。

5. 促进民心相通，推动智库合作和技术创新引领区域电力合作

在各国政府外交部门、能源部门等相关部门的指导下，联合各国高端智库、能源电力企业、咨询机构、高校和专家学者，建立能源电力合作多层次多领域开放性对话平台和非营利性区域电力绿色发展政策及技术研究协会组织，以政策沟通增进高度互信，以技术交流推动信息共享。加强以清洁能源技术为抓手的联合创新，探索建立多边、区域或双边绿色创新中心，更好地服务区域绿色发展，为区域应对气候变化提供务实的解决方案。